KB081194

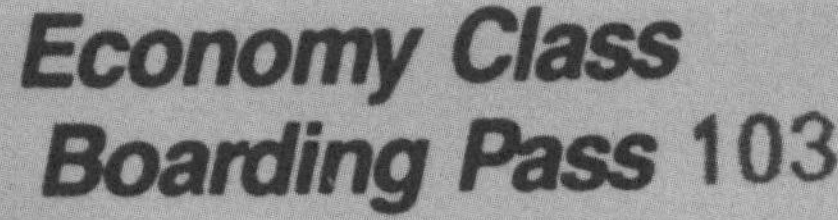


NAME PARK/WOOHYUKMR

EL0800-55-1182 PIN34768232

FROM SEOUL

TO ZURICH

FLIGHT DATE DEPARTURE TIME

KE 925 25SEP 1305

**스위스 디자인 여행**

●
2005년 1월 15일 초판 발행 ○ 2011년 5월 23일 8쇄 발행 ○ **지은이** 박우혁 ○ **펴낸이** 김옥철 ○ **진행** 정은미, 윤동희
**편집·디자인** 박우혁 ○ **마케팅** 김헌준, 이지은, 강소현 ○ **출력** (주)포비전미디어 ○ **인쇄·제책** 한영문화사
**펴낸곳** (주)안그라픽스 413-756 경기도 파주시 교하읍 문발리 파주출판도시 532-1 ○ 전화 031.955.7766(편집) | 031.955.7755(마케팅)
팩스 031.955.7745(편집) | 031.955.7744(마케팅) ○ 이메일 agbook@ag.co.kr ○ 홈페이지 www.agbook.co.kr ○ **등록번호** 제2-236(1975.7.7)



**ISBN** 978.89.7059.241.1(93560)

# 스위스 디자인 여행

# Switzerland Design and Travel

## 스위스란
## 나라에 가는 것



## 바젤
## 바젤
## 바젤



## 도시와 거리의
## 어느 풍경



## 스위스에서
## 타이포그라피를
## 배우는 것

## 심심한 도시에서 재미있게 살기



## 알프스 소년



## 스위스 여행



## 눈물 타이포그라피 여행

바람 이
불었다.

길을
떠났다.

# 가슴 은
# 두근거렸다.

# 스위스란 나라에 가는 것

# 스위스란 나라에 가는 것

# Swiss **fantasy**

# 1

스위스 환상

KOREAN AIR
CATERING
KOREAN AIR

0352 2K102541
PNR: E29JKZ
NME: PARK
029
TO
ZRH
ZURICH
EZY5003
09JUN
VIA
VIA

와! 스위스요? 스위스에서 공부를 했다고 말할 때마다 열 명 중 네 명쯤은 스키는 좀 탔어? 하고, 또 한 네 명쯤은 거기 굉장히 비싸지 않아요?한다. 그리고 또 한 명쯤은 스위스에서 디자인 공부를?하며 고개를 갸우뚱하고, 마지막 한 명쯤이라도 대충은 전후 사정을 알고 있다면 좋겠지만, 당황스럽게도 이렇게 말한다. 초코렛 좀 줘.

약간의 과장이 섞인 말이지만, 사람들을 만날 때마다 변명아닌 변명, 혹은 나의 유학 연대기쯤 되는 장황한 이야기를 줄줄 해야하니 약간은 피곤하기도 하고, 무엇인가 막막하기도 하다. 물론 나의 주위를 둘러보면 나의 사정을 잘 알고 있고 하필 스위스란 나라에서 디자인을 공부한 까닭을 자연스럽게 이해하는 사람들도 꽤 있긴 하지만, 그래도 아직은 불필요한 오해들을 섞어서 불확실한 이해를 하고 있는 쪽이 훨씬 더 많으니 대부분 나의 변명 아닌 변명은 장황스럽게 이어진다.

남을 탓할 일만도 아니다. 나또한 무거운 살림살이를 끌고 스위스란 나라에 도착할 때까지 아무것도 몰랐고, 2년 동안 공부하며 살았어도, 아직 잘 모르겠으니, 무엇인가를 완전히 안다는 것은 꽤나 오랜 시간이 필요하거나 아예 불가능한 일인 것도 같다.

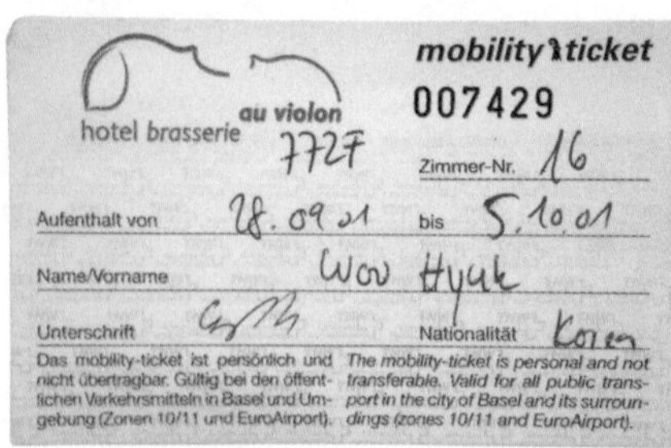
hotel brasserie au violon
mobility ticket
007429
772F
Zimmer-Nr. 16
Aufenthalt von 28.09.01 bis 5.10.01
Name/Vorname Woo Hyuk
Unterschrift
Nationalität Korea
Das mobility-ticket ist persönlich und nicht übertragbar. Gültig bei den öffentlichen Verkehrsmitteln in Basel und Umgebung (Zonen 10/11 und EuroAirport).
The mobility-ticket is personal and not transferable. Valid for all public transport in the city of Basel and its surroundings (zones 10/11 and EuroAirport).

스위스 바젤의 호텔에선
투숙객에게 도시의 전차와 버스를
무료로 탈 수 있는 패스를 준다.

벌써 6년전이다.
스위스로 유학을 갈까, 고민을 시작하던 때가 아마 대학교 4학년의 어느 날이었던 듯하다. 유학이란 건 꿈에도 생각해본 적이 없었던 내가 도대체 어떤 계기로 그 먼나라까지 가서 공부를 하게 되었는지 지금도 확실히 말할 수는 없지만, 아마도 시작은 막연한 궁금증 때문이었을 것이다. 대학 시절 내내 들었던 에밀 루더나 얀 치홀트의 이름이라던지 국제 타이포그래피 양식이라고 하는 무엇인가 굉징히 귀에 익지만 손에 잡히지 않고 머리 속을 빙빙 돌기만 하던 소위 말하는 스위스 스타일, 복잡하게 얽혀있는 생각들이 내 안을 가득 채우고 있던 그 때의 어느 순간, 안개 속에서 형체가 어렴풋한 누군가 말했다.

스위스... 그리고 바젤...

그렇게 천천히 혹은 순식간에 스위스, 바젤에 대한 환상이 머리와 마음 속에 자리잡았다. 예기치 못하게 찾아온 어떤 기대감은 반드시 그곳엘 가서 그 알쏭달쏭하고 애매 모호한 그 무엇을 알아내야 한다는 자기 최면 같은 것으로 이어졌다. 그리고 시간날 때마다 주변인들에게 나의 결심을 들려주는 것으로 확정지었으며, 나의 앞으로 2년, 아니면 그보다 훨씬 더 긴 시간의 인생계획은 그렇게 세워졌다.

그래, 바젤이다.
이제 아무것도 귀에 들리지 않았다.

GÜLTIG: 25.09.01 - 26.09.01
ZÜRICH FLUGHAFEN
BASEL SBB
VIA ZÜRICH-FRICK O OLTEN
2.KL.
05 325603 25091835 CHF 38.00
03016 INKL. 7.60% MWST/120951

Ausländerausweis
Livret pour étrangers
Libretto per stranieri
Legitimaziun d'esters
B
Form. 417.003 dfir


스위스에 체류하는 외국인은 체류 허용 기간과 체류 목적이 기재된 허가증을 발급받아야 된다.
유학 목적의 체류 허가인 B타입

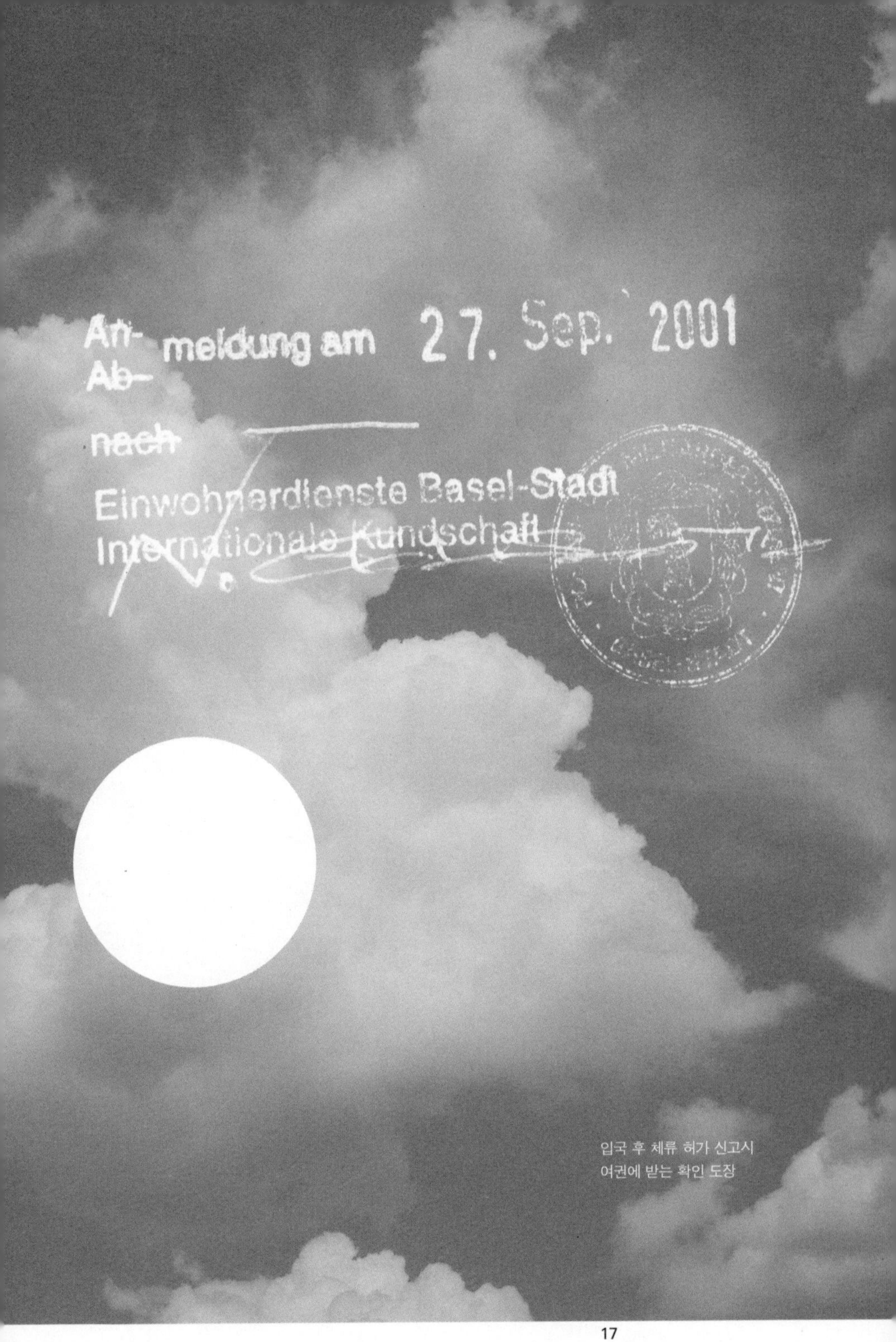

An-
Ab- meldung am 27. Sep. 2001

nach

Einwohnerdienste Basel-Stadt
Internationale Kundschaft

입국 후 체류 허가 신고시
여권에 받는 확인 도장

# 2

# Swiss style

## 스위스 스타일

스위스 하면 떠오르는 것들이 있다.
시계와 초콜릿의 나라. 그래서 만일 여행을 갔다면 적어도 거리마다 넘쳐나는 초콜릿이나 치즈, 아니면 스와치 시계 하나 정도는 사와야 되고, 맥가이버칼로 유명한 스위스 칼에 이름 정도는 새겨와야 된다.
그리고 알프스 소녀 하이디를 만나러 인터라켄에 가서 융프라우요흐 꼭대기의 그 유명하다는, 게다가 공짜로 준다는 컵라면을 반드시 먹고 와야 하는 것이다.

정말 아름다운 나라였다. 눈만 돌리면 그림 엽서라는 스위스에서 2년이나 살았는데도 불구하고 질리도록 보고 느끼는 밤하늘의 수많은 별들과 맛있는 공기는 매일매일 놀라웠다. 밤늦게 학교에서 돌아오는 길, 문득 자전거를 멈추고 밤하늘을 올려다보며 깊이 밤공기를 들이마셨다. 1년이나 2년 후에 서울에 돌아간다면, 가장 그리울 것이 틀림없을 것이라고 생각하며 매일 그 공기를 마시고 기억해놓으려고 애썼다.
그리고 지금, 정말 그것들이 그리워지고 있다.

스위스엔 스와치 시계, 초콜릿, 알프스 정상의 컵라면이 있고, 밤하늘의 별똥별 그리고 놀랍도록 맛있는 공기도 있다. 그리고 어떤 사람들은 잘 알고, 어떤 사람들은 잘 모르는 스위스 스타일이 있다.

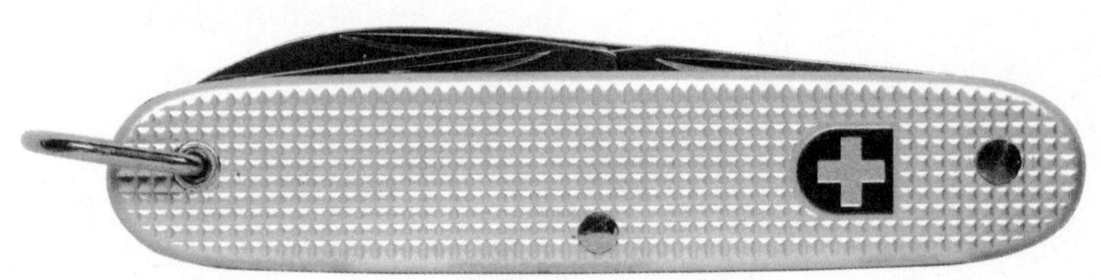

보통 스위스 스타일이라고 말하는 국제 타이포그래픽 양식 International Typographic style은 1950년대 스위스와 독일에서 발생하여 오늘날의 현대 디자인이 탄생하는 데 결정적인 근간을 마련하였고, 지금까지도 전 세계의 디자인과 타이포그라피에 적지 않은 영향을 주고 있다. 이 스타일의 특징은 지면을 정확한 비례로 나누어 주는 그리드 위에서 시각적 조형성을 가지며, 정보의 전달이 용이한 사진과 정확한 글을 비대칭적으로 구성하고 산세리프 글자를 사용함으로써 이전 시대의 장식적이며 과장된 구성 방법으로부터 탈피하여 주어진 정보를 명확하고 효과적으로 전달하는 데 있다.

스위스 스타일은 1900년대 초에 베르톨트 Berthold 글자 회사에서 만든 산세리프 글자, 악치덴츠 그로테스크 Akzidenz Grotesk의 뒤를 잇는 몇 개의 글자들로 인해 더욱 새롭게 발전되었다. 스위스의 글자 디자이너, 아드리안 프루티거 Adrian Frutiger가 1954년에 만든 유니버스 Univers는 하나의 글자를 기본으로 굵기와 넓이, 기울임이란 요소를 가지고 변형된 21가지의 다양한 글자들을 디자인한 것으로 스위스 스타일의 명확한 정보 전달력을 돋보이게 하는 데 큰 도움을 주었다. 1961년 막스 미딩거 Max Miedinger는 악치덴츠 크로테스크를 발전시켜 노이에 하스 그로테스크 Neue Haas Grotesk를 디자인하였으며, 이 글자는 후에 우리가 익히 들어 잘 알고 있는 헬베티카 Helvetica로 새롭게 이름 붙여져, 스위스의 대표적인 글자가 되었다.

**타이포그라피 typography**
과거에는 납으로 만든 각각의 활자들을 조합하는 활판 인쇄술을 의미하였지만, 오늘날에는 활자 디자인을 포함하여 글자를 이용한 모든 종류의 디자인 행위를 말한다.

**그리드 grid**
낱말의 원래 뜻은 격자를 의미하지만, 디자인에서 그리드란 인쇄물 등에서 디자인의 시각적 통일성과 질서를 강조하기 위한 기본 바탕이라 할 수 있으며, 보통 가로선과 세로선의 조합으로 이루어진다.

**산세리프 글자 sans serif**
세리프 글자의 반대말. 세리프란 영문 활자의 기둥에서 위 아래의 끝에 돌출하는 일종의 장식이며, 산 sans은 없음을 의미하므로 산세리프 글자란 그 돌출하는 장식이 없는 활자를 말한다.

Akzidenz Grotesk

Akzidenz Grotesk

**Akzidenz Grotesk**

**Akzidenz Grotesk**

**Akzidenz Grotesk**

악치덴츠 그로테스크 Akzidenz Grotesk

Helvetica

Helvetica

**Helvetica**

**Helvetica**

헬베티카 Helvetica

univers 45

*univers 46*

univers 47

*univers 48*

**univers 55**

***univers 56***

univers 57

*univers 58*

**univers 65**

***univers 66***

**univers 67**

***univers 68***

**univers 75**

*univers 76*

유니버스 Univers

이 국제 타이포그래픽 양식, 곧 스위스 스타일은 스위스의 두 개 도시, 바젤과 취리히에서 크게 발전하였다. 바젤 디자인 학교 Allgemeine Gewerbeschule Basel, Basel school of design의 에밀 루더 Emil Ruder와 아민 호프만 Armin Hofmann은 각각 타이포그라피와 그래픽 디자인에서 스위스 스타일, 특히 바젤의 스타일을 세계에 알리는 데 큰 공헌을 하였고, 취리히의 디자이너들, 카를로 비바렐리 Carlo Vivarelli, 파울 로세 Richard Paul Lohse, 요셉 뮐러 브로크만 Josef Müller Brockmann, 한스 노이부르그 Hans Neuburg는 '노이에 그라픽 Neue Grafik'이라는 디자인 잡지를 발간하여 전 세계에 스위스 스타일을 알리고 전파하는 계기를 마련하였다. '노이에 그라픽'은 스위스 스타일의 아름다움을 극명하게 보여주는 대표적인 작품으로 지금까지도 그 가치가 사라지지 않고 있다.

수학적인 그리드와 강한 글자, 명확한 사진, 왼쪽 줄맞춤 등의 규칙 아래에서 만들어진 스위스 디자인의 질서 정연함은 때때로 그 엄격해 보이는 방식 때문에 디자인과 타이포그라피의 창조성을 반감시킨다고 하는 문제 제기를 받아왔다. 그러나 그 확실한 기본틀 안에서 만들어지는 수없이 다양한 결과들은 완벽히 서로 다른 창조적인 아름다움을 지니고 있으며, 20여 년 혹은 그 이상의 시간 동안 스위스 스타일은 전 세계의 디자인에 막대한 영향을 주었다. 그로 인해 다져진 현대 디자인의 기초는 미국을 비롯한 수많은 나라들의 디자인을 진보시키는 데 큰 공헌을 하였다.

# Neue Grafik
# New Graphic Design
# Graphisme actuel

Internationale Zeitschrift für Grafik und verwandte Gebiete
Erscheint in deutscher, englischer und französischer Sprache

International Review of graphic design and related subjects
Issued in German, English and French language

Revue internationale pour le graphisme et domaines annexes
Parution en langues allemande, anglaise et française

## 2

| | | | |
|---|---|---|---|
| | Ausgabe Juli 1959 | Issue for July 1959 | Juillet 1959 |
| | Inhalt | Contents | Table des matières |
| Richard P. Lohse, Zürich<br>Max Bill, Zürich | Expo 58<br>Kataloge für Kunstausstellungen 1936–1958 | Expo 58<br>Catalogues of Art Exhibitions 1936–1958 | Expo 58<br>Catalogues pour expositions de beaux-arts 1936–1958 |
| Gérard Ifert, Paris | Grafiker der neuen Generation | Graphic Designers of the new Generation | Graphistes de la génération nouvelle |
| Fritz Keller, Zürich | Vorfabrizierte Elemente für Schaufenster und Ausstellungen | Prefabricated Parts for Showcases and Exhibitions | Eléments préfabriqués pour vitrines et expositions |
| Hans Neuburg, Zürich | Italienische Gebrauchsgrafik | Italian Industrial Design | Graphisme italien appliqué |
| Emil Ruder, Basel, Fachlehrer für Typografie an der Gewerbeschule Basel | Univers, eine neue Grotesk von Adrian Frutiger | Univers, a new sans-serif type by Adrian Frutiger | Univers, une nouvelle grotesque d'Adrian Frutiger |
| Ulrich Hitzig, Zürich, Schweizer Fernsehdienst | Wettbewerb für ein neues Signet des Schweizer Fernsehdienstes | Competition for a New Symbol for Swiss Television | Concours destiné à créer une marque distinctive de la Télévision suisse |
| | Einzelnummer Fr. 15.– | Single number Fr. 15.– | Le numéro Fr. 15.– |

Herausgeber und Redaktion
Editors and Managing Editors
Editeurs et rédaction

Richard P. Lohse SWB/VSG, Zürich
J. Müller-Brockmann SWB/VSG, Zürich
Hans Neuburg SWB/VSG, Zürich
Carlo L. Vivarelli SWB/VSG, Zürich

Druck/Verlag
Printing/Publishing
Imprimerie/Edition

Verlag Otto Walter AG, Olten
Schweiz/Switzerland/Suisse

노이에 그라픽 Neue Grafik 1958

32

34

33

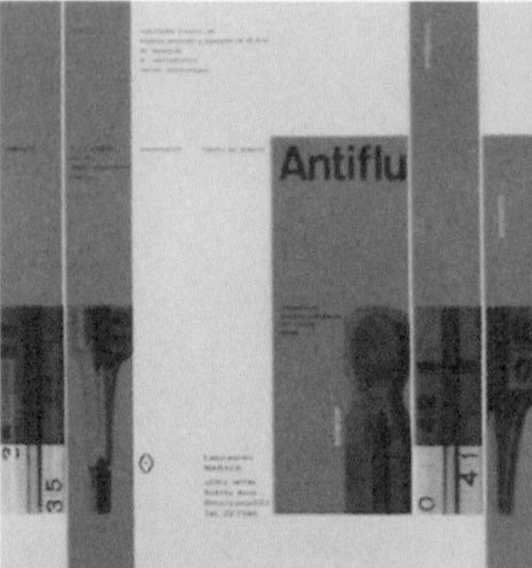


35

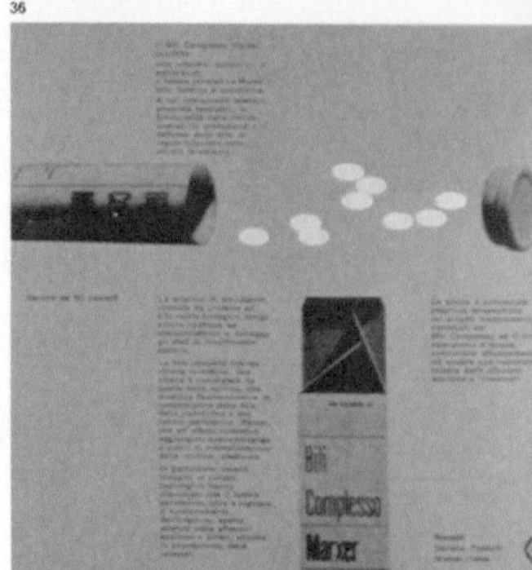


36

32 33 34
René Martinelli, Zurich, 1934
Studio Boggeri Edilmac S.p.A., Milano
Prospekte
Prospectus
Prospectus
1956 1958

35
René Martinelli, Zurich, 1934
Società Italiana Prodotti Marxer, Ivrea
Prospekt für Grippemittel
Prospectus for an influenza cure
Prospectus pour remède contre la grippe
1957

36
René Martinelli, Zurich, 1934
Società Italiana Prodotti Marxer, Ivrea
Innenseiten pharmazeutischer Prospekt
Inside pages of a pharmaceutical prospectus
Pages intérieures d'un prospectus pharmaceutique
1958

37
Therese Moll, Basel, 1934
Charfeu AG, Basel
Prospektenveloppe
Envelope for a prospectus
Enveloppe de prospectus
1958

38
Therese Moll, Basel, 1934
Charfeu AG, Basel
Prospekt
Prospectus
1958
Foto Fritz Schwarz

39
Therese Moll, Basel, 1934
Le Porte-Echappement Universel S.A.,
La Chaux-de-Fonds
Inserat
Advertisement
Annonce
1958

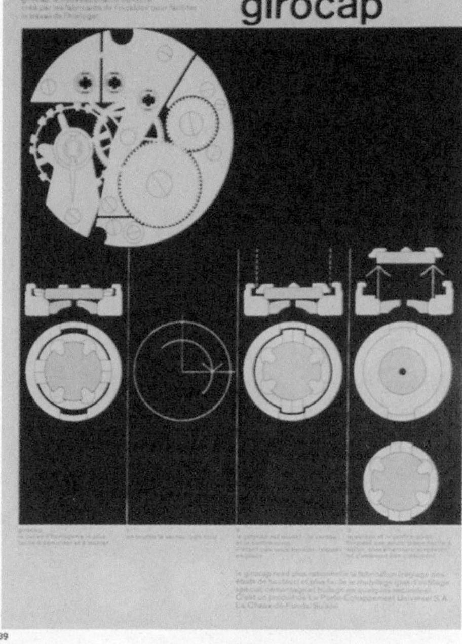


39

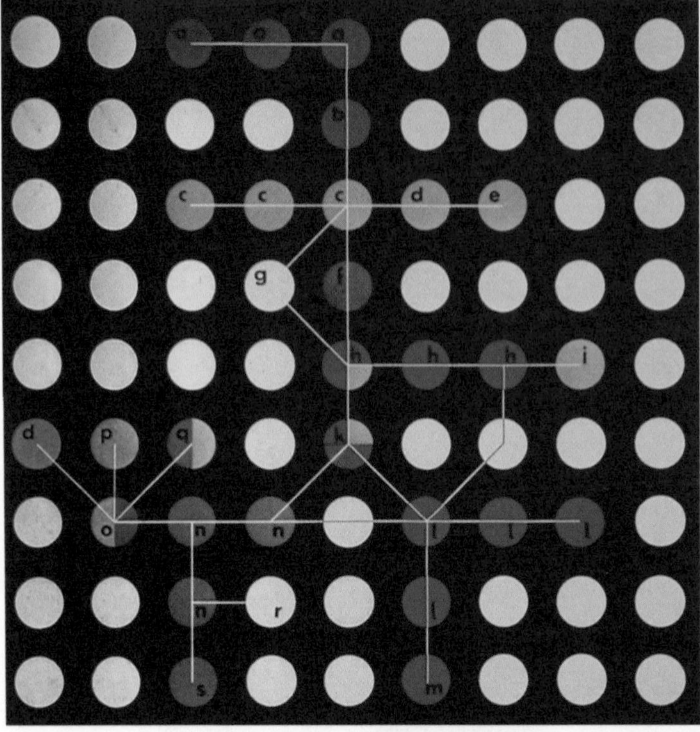


63

63
Max Schmid, Basel, 1921
J. R. Geigy AG, Basel
Organisationsschema aus Broschüre
An organising scheme from a brochure
Schéma d'organisation inclus dans une brochure
1953

64
Max Schmid, Basel, 1921
J. R. Geigy AG, Basel
Illustration aus Broschüre
Illustration from a brochure
Illustration dans une brochure
1955

65
Max Schmid, Basel, 1921
J. R. Geigy AG, Basel
Inserat für pharmazeutisches Präparat
Advertisement for a pharmaceutical preparation
Annonce pour un produit pharmaceutique
1958
Foto Peter Keetman

64

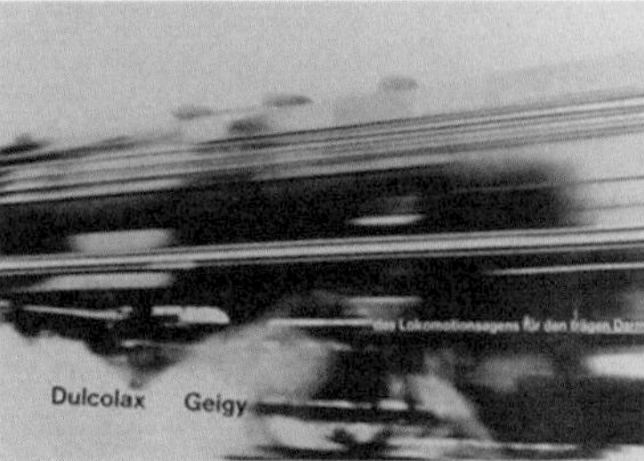


65

68

69

70

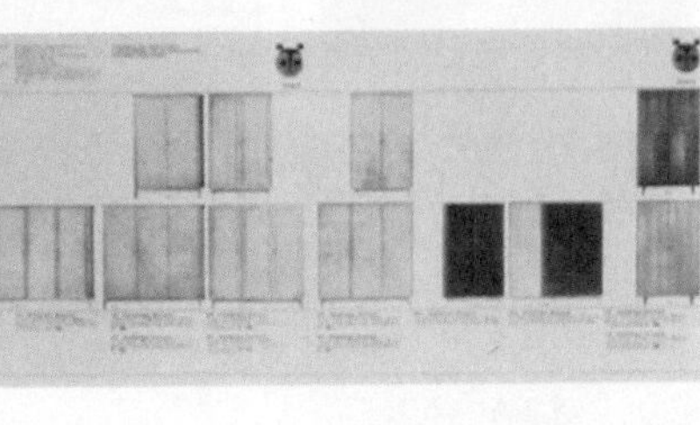

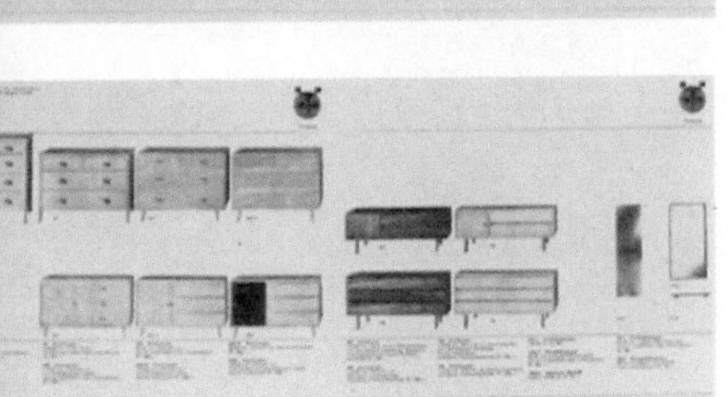

66
Elso Schiavo, Baar, 1934
Wolfgang von Müller, Zug
Inserat
Advertisement
Annonce
1958

67 68 69 70
Elso Schiavo, Baar, 1934
Victor N. Cohen, Zürich, Mobag AG, Zürich
Prospekt
Prospectus
1958 59
Foto W. S. Eberle, Zürich

71/72
Elso Schiavo, Baar, 1934
Victoria-Werke AG, Baar
Möbelkatalog
Furniture catalogue
Catalogue de meubles
1958 59

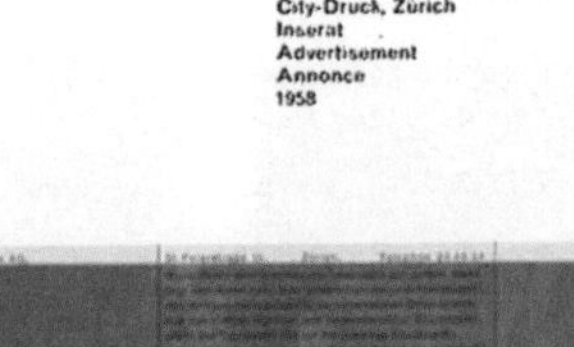

73
Rosemarie Tissi, Zürich, 1937
City-Druck, Zürich
Inserat
Advertisement
Annonce
1958

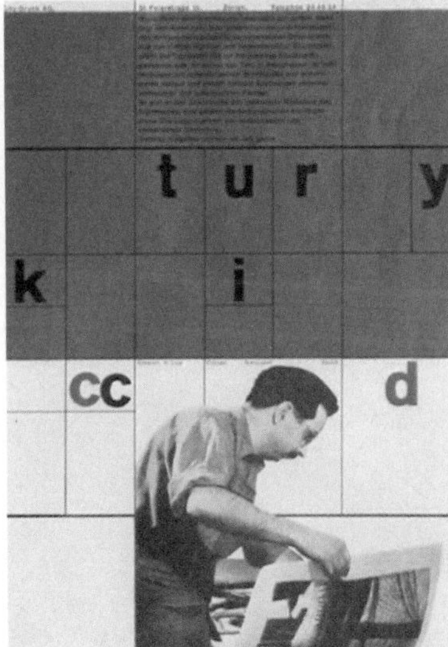


73

Grafiker der neuen Generation
Graphic Designers of the new generation
Graphistes de la génération nouvelle

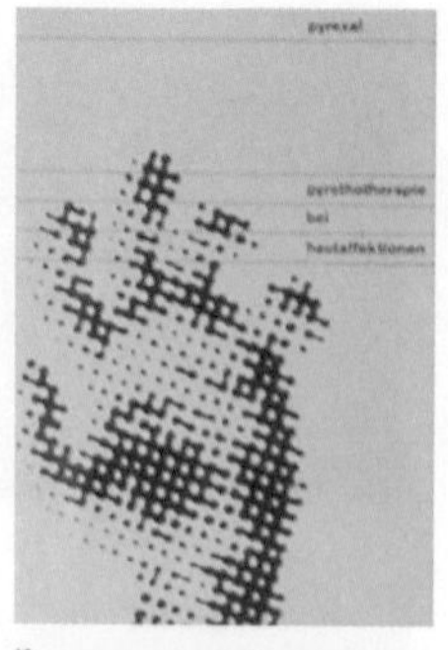


40

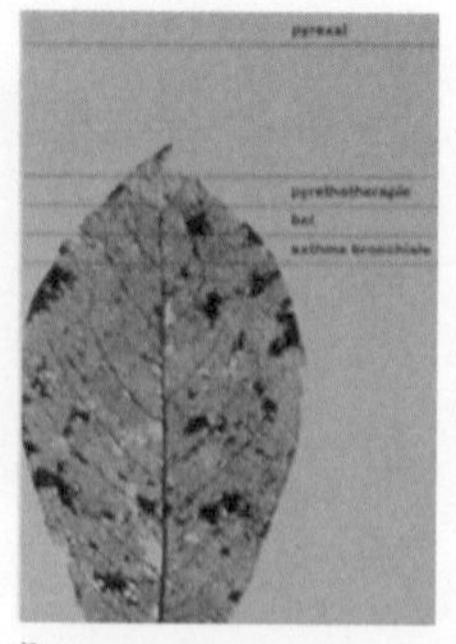


42

43

40/42
Fridolin Müller, Zürich, 1926
Dr. A. Wander AG, Bern
Prospektblatt
Page of a prospectus
Page d'un prospectus
1957

41
Fridolin Müller, Zürich, 1926
Siegfried AG, Zofingen
Inserat
Advertisement
Annonce
1958

41

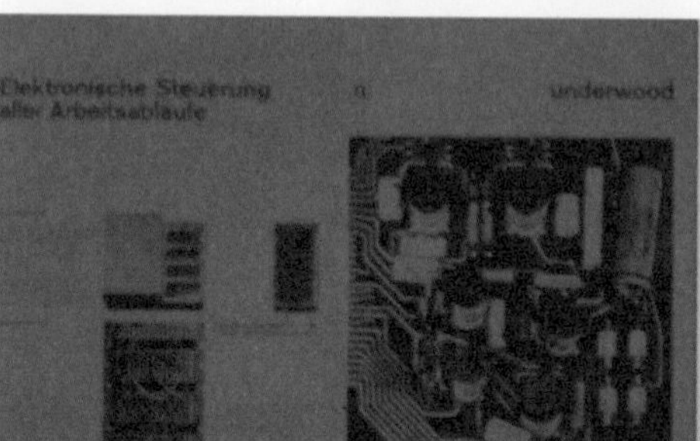


44

45

43
Fridolin Müller, Zürich, 1926
Plakatentwurf
Design for a poster
Projet d'affiche
1957

44
Fridolin Müller, Zürich, 1926
Underwood Europa
Prospekt
Prospectus
Prospectus
1958

45
Fridolin Müller, Zürich, 1926
Automobilclub Schweiz
Broschüre
Brochure
Brochure
1958

egfried Odermatt, Zürich, 1926
ıno S. A., La Chaux-de-Fonds
serat
dvertisement
ınnonce
58

egfried Odermatt, Zürich, 1926
ermica AG, Zürich
ılletin
58

egfried Odermatt, Zürich, 1926
ammo-Studio, Zürich
serat
dvertisement
nnonce
57

egfried Odermatt, Zürich, 1926
ıumgartner AG, Zürich
serat
dvertisement
nnonce
57

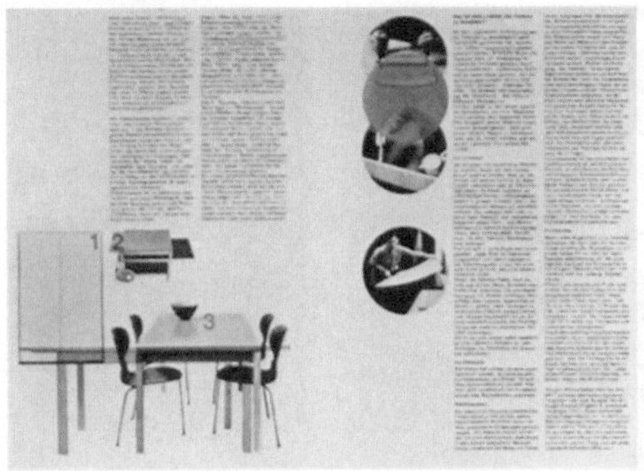

47

48

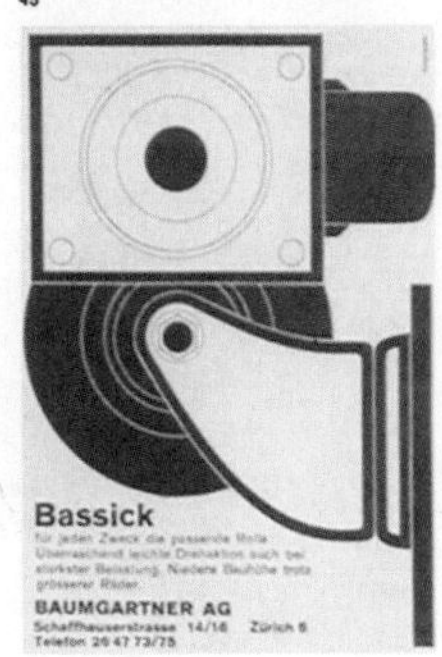


49

50

50
Siegfried Odermatt, Zürich, 1926
Sammet, Apotheke, Zürich
Signet
Trade mark
Marque distinctive
1958

# 바젤
# 바젤
# 바젤

바젤
바젤
바젤

# 3 Basel School of Design

# 바젤
# 디자인 학교

바젤에 왔다.
바로 그 바젤 디자인 학교에 왔다.
스위스란 작은 나라의, 그리고 그 중에서 이름도 잘 알려지지 않은 작은 도시 바젤의, 내가 대학 시절을 보낸 학교의 반의 반의 반도 안되는 아주 작은 학교에 불과한 이 디자인 학교에 대해 뭐 그리 할말이 많을까 싶겠지만, 역사적으로 이 학교가 디자인, 특히 타이포그라피와 그래픽 디자인에 끼친 영향은 실로 대단한 것이었다.

대학 4년 동안 디자인을 공부했는데도 불구하고, 에밀 루더 Emil Ruder나 아민 호프만 Armin Hofmann 그리고 볼프강 바인가르트 Wolfgang Weingart와 스위스 스타일, 이런 몇몇의 인물들과 역사적인 사실들의 연결점을 찾지 못하고 제각기 구분하여 어렴풋이 알고 있었던 나는 어느 날, 어느 디자인 사무실의 책장에 꽂여있던 헬무트 슈미트 Helmut Schmid의 '타이포그라피 투데이 Typography Today'를 발견하였다.
질이 안 좋은 복사본임에도 불구하고 질서정연하며 아름다웠던 그 책의 디자인과 그 안에서 찾아낸 바젤 디자인 학교라는 이름은 그동안 묻어두었던 나의 의문점들을 한꺼번에 풀어주는 중요한 키워드가 되었다.

**바젤 디자인 학교**
Hochschule für Getaltung und Kunst Basel/Switzerland
Vogelsangstrasse 15, Basel
www.hgkbasel.ch

1796 Allgemeine Gewerbeschule Basel
1980 Schule für Gestaltung Basel (Basel School of design)
1999 Hochschule für Gestaltung und Kunst Basel (University of Art and Design Basel)

현대 디자인과 타이포그라피 분야에서 강력한 영향을 끼친 스위스 바젤의 디자인 학교.
이 학교가 발전시킨 비대칭적이며 간결하고 섬세한 타이포그라피는 현대 타이포그라피의 기초가 되었으며, 이 학교의 교수들이었던 에밀 루더, 아민 호프만, 볼프강 바인가르트와 그들의 가르침을 받았던 세계 각지의 수많은 사람들에 의해 지금까지도 그 가치는 변함없이 유지되고 있다.

정말 길고 긴 시간이었다.
대학을 졸업하고, 취직을 하고, 영어 학원을 다니고, 독일어 학원을 다니고,
포트폴리오를 준비하고, 이리저리 기웃거리며 학교에 관해 알아보고…
긴 준비 끝에 드디어 도착한 땅. 스위스.

기대도 컸고, 그만큼 실망도 컸다.
필요한 모든 것을 꾸려서 이곳에 도착하기 일년 전쯤 잠시 학교에 대해
알아보러 왔을 때만해도 내가 그토록 원했으며, 직접 체험하고 싶어했고,
학교를 선택하는 데 적지않은 이유로 작용했었던 납활자들은
모두 사라졌다. 시대는 변했고, 학교에 들어서자마자 만난 것은
뉴미디어와 테크놀러지와 컴퓨터였다.

그러나 기뻐하거나 실망할 여유는 없었다.
나는 이미 새로운 세계에 발을 들여놓았던 것이다.
그리고…
지난 화려한 날은 가버렸다.

28.9.–17.11.
Kunsthalle
Basel

ARMIN HOFMANN, GEB. 1
RELIEF
AUFTRAG DES BAUDEPAR

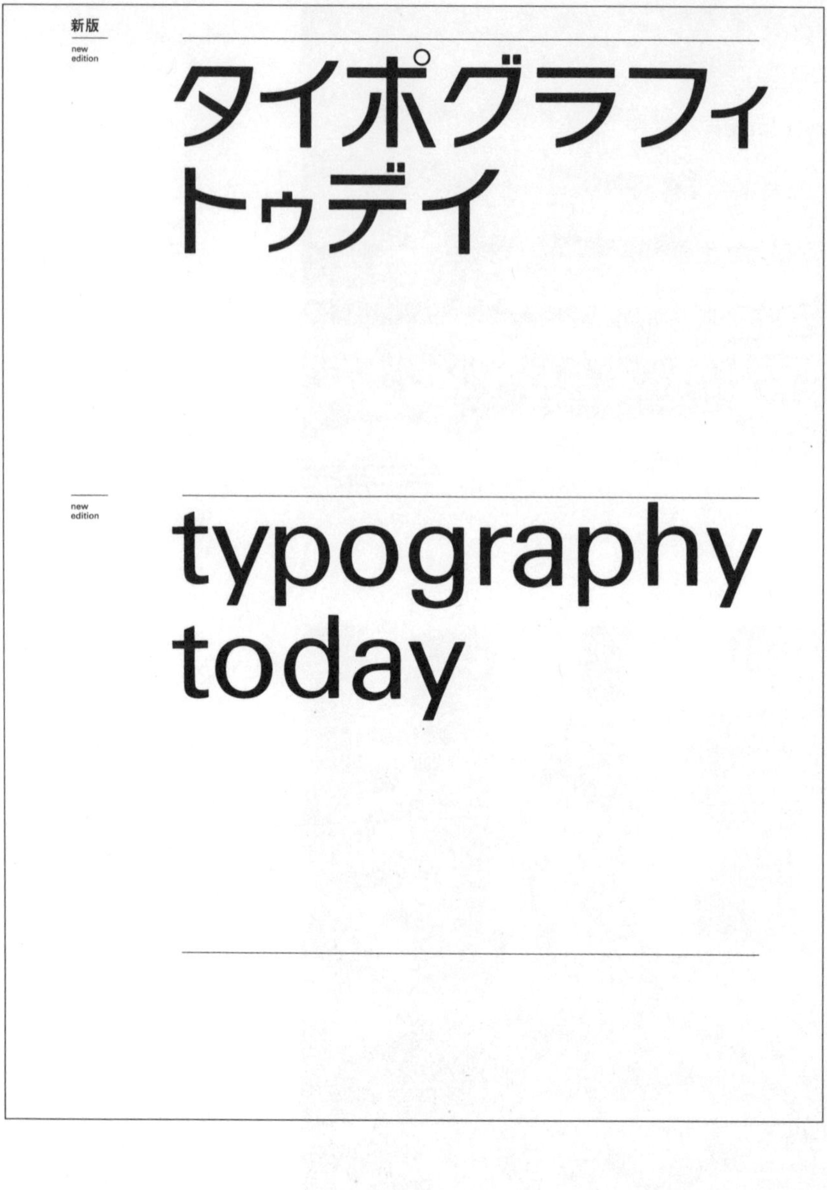

新版

new
edition

タイポグラフィ
トゥデイ

new
edition

typography
today

타이포그라피 투데이
typography today

헬무트 슈미트
Helmut Schmid
1980

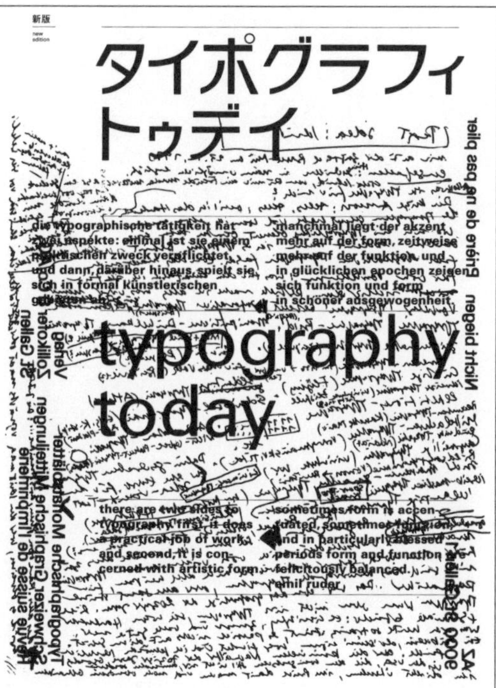


**헬무트 슈미트 Helmut Schmid**

1942 - 현재

바젤 디자인 학교에서 에밀 루더에게 타이포그라피를 배우고, 스웨덴, 캐나다, 일본과 독일 등지에서 디자인 작업을 하였다. 그는 현재 일본 오사카에서 타이포그라피 작업을 하고 있으며 '타이포그라피 투데이 typography today'와 '바젤로 가는 길 the road to basel', '타이포그라픽 리플렉션 typographic reflection' 등의 책을 출간하였다.

新版
new
edition

タイポグラフィ
トゥデイ

**die typographische tätigkeit hat zwei aspekte: einmal ist sie einem praktischen zweck verpflichtet, und dann, darüber hinaus, spielt sie sich in formal künstlerischen gebieten ab.**

**manchmal liegt der akzent mehr auf der form, zeitweise mehr auf der funktion, und in glücklichen epochen zeigen sich funktion und form in schöner ausgewogenheit.**

typography
today

**there are two sides to typography. first, it does a practical job of work; and second, it is concerned with artistic form.**

**sometimes form is accentuated, sometimes function, and in particularly blessed periods form and function are felicitously balanced.**
**emil ruder**

reflections on the
typography course by

Yves Zimmermann
André Gürtler
Marcel Nebel
Bruno Pfäffli
Roy Cole

Harry Boller
Fritz Gottschalk
Peter Teubner
Hans-Rudolf Lutz
Helmut Schmid
Wolfgang Weingart
Hans-Jürg Hunziker
Heini Fleischhacker

with contributions by

Karl Gerstner
Kurt Hauert
Fridolin Müller
Åke Nilsson
Will van Sambeek

with Emil Ruder's essay

on drinking tea,
typography, historicism,
symmetry and
asymmetry

바젤로 가는길
the road to basel

헬무트 슈미트
Helmut Schmid
1997

der Weg nach
Basel

the road to
Basel

Basel
e no michi

aphic reflections
dents of the typographer
acher Emil Ruder

typographische reflexionen
von Schülern des Typographen
und Lehrers Emil Ruder

ot and design
t Schmid

| g r a | p h | i s |
|---|---|---|
| | Internationale Monatsschrift für freie Graphik<br>Gebrauchsgraphik und Dekoration | International monthly for Graphic and applied art |
| 1964 No 5 6 | Januar Februar März | January February March |
| | 1. Jahrgang | Volume 1 |
| | Herausgeber Dr. Walter Amstutz Walter Herdeg | Editiors Dr. Walter Amstutz Walter Herdig |

Index




Commentaire français
voir Page 87-88


| | Aus dem Inhalt der nächsten zwei Nummern | Features from the next two numbers |
|---|---|---|
| Dr. Erwin Grabmann | Maillol als Zeichner | Maillol as a Draughtsman |
| A. Bruckner | Schweizerische Fahnen | Swiss Flags |
| | Alte Hotelwerbung | Hotel Advertising, Old Style |
| Hans Kasser | Der Buchschutzumschlag | Dust Covers |
| | Photo und Graphiker<br>zu den Arbeiten von Werner Bischof | The Artist and Photographer Wetner Bischof |
| Dr. Hans Blösch | Gauklerplakate | Hand-bills of Town Fairs |
| Karl Egender | Die Schweiz wirbt im Ausland | Swiss Tourist Propaganda Abroad |
| Hans Kasser | Theater und Werbung | The Theatre and its Appeal to the Public |
| Dr. Hans Strahm | Ein mittelalterliches Fabelbuch | A Medieval Book of Fables |
| | Der Zeitungskopf | The Newspaper Heading |
| Dr. Albert Baur | Japanische Streichholzschachteln | Japanese Matchboxes |
| | E. J. Wolfensberger<br>Vorkämpfer des Schweizer Künstlerplakates | E. J. Wolfsberger<br>and his Work for the Swiss Art Poster |


Published by
Amstutz & Herdeg
Graphis Press
Zürich 45 Switzerland
Nüschelerstrasse
Telephon 271215
Telegramme
Arherd Zürich
Postcheck VII 23071


그라피스 (목차)
Graphis

헬무트 슈미트
Helmut Schmid
1964

**typografiska**
**reflexioner**
**2**

typographic
reflections
2

typographische
reflexionen
2

**Punkt Linje Röreise**
**omslag för den svenska facktidskriften**
**grafisk revy**

Point Line Movement
covers for the Swedish professional magazine
grafisk revy

Punkt Linie Bewegung
Umschläge für die schwedische Fachzeitschrift
grafisk revy

design
Helmut Schmid

타이포그라픽 리플렉션 2
typographic reflection 2

헬무트 슈미트
Helmut Schmid
1993

4

# Emil **Ruder** and Armin **Hofmann**

## 에밀 루더 와 아민 호프만

이상하게도 취리히에서는 파란 하늘을 본 적이 없다. 우연인지 아니면
내가 유독 겨울철에만 그곳에 가게 되어서 인지는 모르겠지만,
벌써 며칠 전부터 기다려왔던 아민 호프만 Armin Hofmann 포스터
전시회의 첫 날도 하늘은 어둡고 날은 싸늘했다.
작고 아담한 취리히의 디자인 미술관에 전시된 그의 작품들은 이미 책에서
수없이 보았던 아주 오래된 것들이지만, 직접 눈앞에서 보게 되는 것은
처음이었다. 쉽지 않은 기회였고 게다가 아주 오랜만에 열리는
그의 전시회였기 때문에 혹시나 그의 모습을 볼 수도 있지 않을까 하는
기대감에 비록 날은 좋지 않았지만 기차에서의 나는 들뜬 마음이었다.
어느날 저녁, 친구들과의 한가로웠던 시간, 누군가 말했다.

아민 호프만을 만나보고 싶지 않아?
그가 살아 있단 말이야?
물론 루체른에 버젓이 살고 있지.

디자인 역사책에서나 등장하던 아민 호프만과 그의 작품들은 나에겐 아주
먼 시절에 일어난 빛바랜 기억들이었다. 그 때문에 우리들 몇몇은
그가 역사책에 등장한다는 사실만으로 이미 그를 저 세상 사람으로 만들고
말았던 것이다.

아민 호프만을 직접 보게 되지 않을까 하고 며칠 동안 가슴을 설레거나
우연히 작은 서점의 윈도우에서 에밀 루더의 책을 발견하고 마치 보물을
찾은 것마냥 흥분하곤 했었다. 지금 생각해보면 그런 일들이 그렇게 대단한
일이었는가 싶기도 하지만, 내가 스위스란 나라에 간 가장 큰 이유가
그들에게 있었기 때문에 바젤 디자인 학교 곳곳에 남겨진 그들의 작품들과
흔적들에서 느낄 수 있었던 과거 그들의 디자인에 대한 열정은 내가
타이포그라피를 공부하는 데 또 다른 원동력이 되었다.

스위스 스타일을 발전시킨 두 사람, 에밀 루더와 아민 호프만은 각각 타이포그라피와 그래픽 디자인 분야에 합리적이며 새로운 방법을 제시하고 효과적인 디자인 교육 방법을 개발하여 바젤이라는 작은 도시와 바젤 디자인 학교를 세계적으로 유명하게 만들었다. 미국뿐만 아니라 다른 나라에 가더라도 유명하다는 학교에는 반드시 그들이 가르친 제자들이 디자인 교육을 담당하고 있는 걸 보면 이 두 사람의 영향력이 얼마나 대단했었는지 잘 알 수 있다.

**에밀 루더 Emil Ruder**
1914-1970
새로운 타이포그라피의 기초를 마련한 가장 중요한 타이포그라퍼중 한명이다. 그는 구조적이며 논리정연한 기초 위에 다양한 창의성을 발현할 수 있는 타이포그라피의 이론을 정리하였고, 1942년부터 바젤 디자인 학교에서 타이포그라피를 가르쳤다.
1965년부터는 학장으로서 스위스의 디자인 교육을 이끌었다. 그가 남긴 책, '타이포그라피 Typographie' (1967)는 출판된지 30년이 지난 오늘날까지도 타이포그라피와 디자인의 원리와 교육의 방법을 가장 효과적으로 제시하고 있다.

**아민 호프만 Armin Hofmann**
1920-현재
바젤 디자인 학교에서 1947-1987까지 그래픽 디자인을 가르쳤으며, 추상적 형태 혹은 기본 그래픽 요소로 이루어진 새로운 그래픽 언어의 철학을 바탕으로 포스터, 광고 등의 다양한 분야에서 활동하였다. 에밀 루더와 함께 스위스의 디자인이 국제적인 영향력을 가지게 하는 데 큰 영향을 끼쳤으며 디자인, 조각, 회화 등 수많은 작품들을 남겼다.

타이포그라피 Typographie
표지

에밀 루더 Emil Ruder
1967

Emil Ruder    Typographie

타이포그라피 Typographie
표지

에밀 루더 Emil Ruder
1967

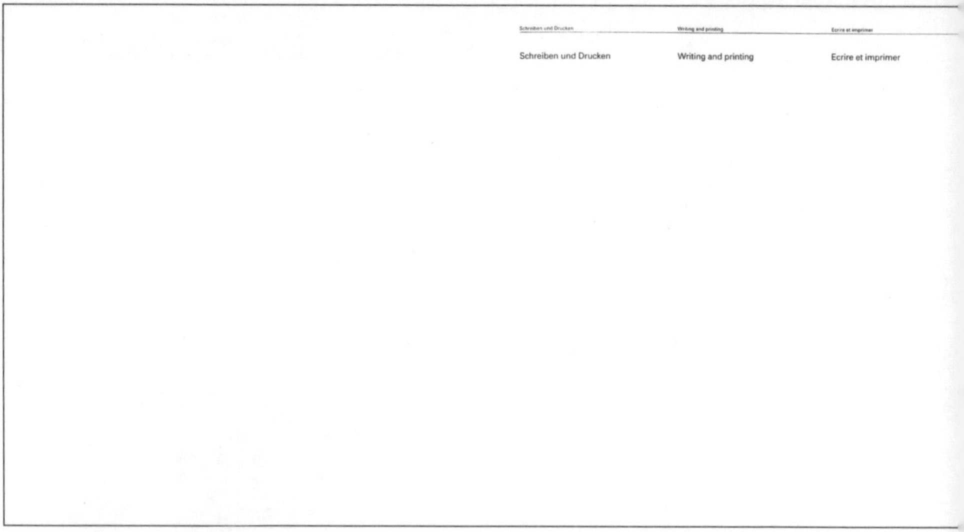

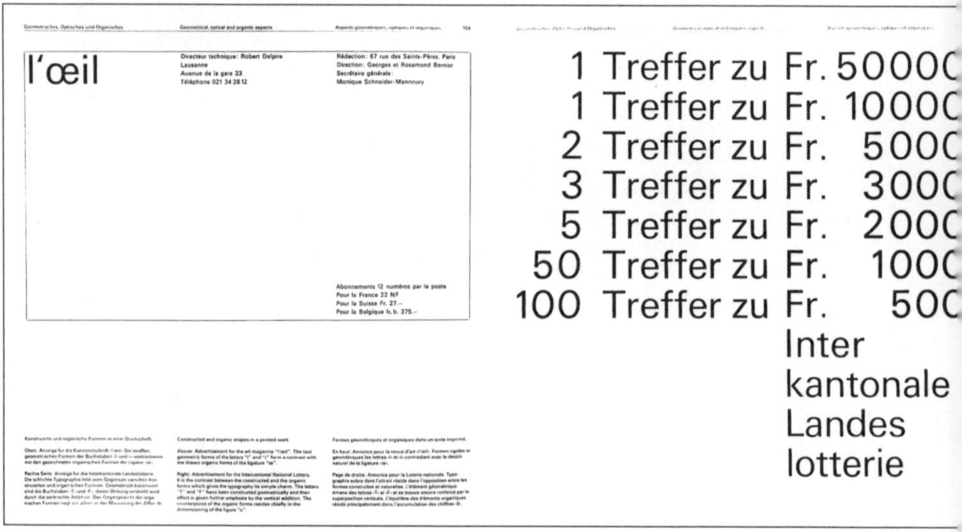

Schreiben und Drucken | Writing and printing | Ecrire et imprimer

Schreiben und Drucken

Writing and printing

Ecrire et imprimer

Geometrisches, Optisches und Organisches | Geometrical, optical and organic aspects | Aspects géométriques, optiques et organiques 104

l'œil

Directeur technique: Robert Delpire
Lausanne
Avenue de la gare 33
Téléphone 021 34 28 12

Rédaction: 67 rue des Saints-Pères, Paris
Direction: Georges et Rosamond Bernier
Secrétaire générale:
Monique Schneider-Mannoury

Abonnements 12 numéros par la poste
Pour la France 22 NF
Pour la Suisse Fr. 27.–
Pour la Belgique fr. b. 375.–

Konstruierte und organische Formen in einer Druckschrift.

Oben: Anzeige für die Kunstzeitschrift ‹l'œil›. Die straffen, geometrischen Formen der Buchstaben ‹l› und ‹i› kontrastieren mit den gezeichneten organischen Formen der Ligatur ‹œ›.

Rechte Seite: Anzeige für die Interkantonale Landeslotterie. Die schlichte Typographie lebt vom Gegensatz zwischen konstruierten und organischen Formen. Geometrisch konstruiert sind die Buchstaben ‹T› und ‹F›, deren Wirkung verstärkt wird durch die senkrechte Addition. Das Gegengewicht der organischen Formen liegt vor allem in der Massierung der Ziffer ‹0›.

Constructed and organic shapes in a printed work.

Above: Advertisement for the art magazine "l'œil". The taut geometric forms of the letters "l" and "i" form a contrast with the drawn organic forms of the ligature "œ".

Right: Advertisement for the Intercantonal National Lottery. It is the contrast between the constructed and the organic forms which gives the typography its simple charm. The letters "T" and "F" have been constructed geometrically and their effect is given further emphasis by the vertical addition. The counterpoise of the organic forms resides chiefly in the dimensioning of the figure "o".

Formes géométriques et organiques dans un texte imprimé.

En haut: Annonce pour la revue d'art ‹l'œil›. Formes rigides et géométriques les lettres ‹l› et ‹i› contrastant avec le dessin naturel de la ligature ‹œ›.

Page de droite: Annonce pour la Loterie nationale. Typographie sobre dont l'attrait réside dans l'opposition entre les formes construites et naturelles. L'élément géométrique émane des lettres ‹T› et ‹F› et se trouve encore renforcé par la superposition verticale. L'équilibre des éléments organiques réside principalement dans l'accumulation des chiffres ‹0›.

1 Treffer zu Fr. 5000
1 Treffer zu Fr. 1000
2 Treffer zu Fr. 500
3 Treffer zu Fr. 300
5 Treffer zu Fr. 200
50 Treffer zu Fr. 100
100 Treffer zu Fr. 50
Inter
kantonale
Landes
lotterie

타이포그라피 Typographie
내지

에밀 루더 Emil Ruder
1967

Technik der Typographie | The techniques of typography | Technique de la typographie | 72

vertrag
verwalter
verzicht
vorrede
yankee
zwetschge
zypresse
fraktur
kraft
raffeln
reaktion
rekord
revolte
tritt
trotzkopf
tyrann

crainte
croyant
fratricide
frivolité
instruction
lyre
navette
nocturne
pervertir
presto
prévoyant
priorité
proscrire
raviver
tactilité
arrêt

screw
science
sketchy
story
take
treaty
tricycle
typograph
vanity
victory
vivacity
wayward
efficiency
without
through
known

Technik der Typographie | The techniques of typography | Technique de la typographie | 73

bibel
biegen
blind
damals
china
schaden
schein
lager
legion
mime
mohn
nagel
puder
quälen
huldigen
geduld

malhabile
peuple
qualifier
quelle
quelque
salomon
sellier
sommier
unique
unanime
usuel
abonner
agir
aiglon
allégir
alliance

modo
punibile
quindi
dinamica
analiso
macchina
secondo
singolo
possibile
unico
legge
unione
punizione
dunque
quando
uomini

Grauwerte | Shades of grey | Valeurs des tons gris | 154

a u s

b il d

u n g

Grauwerte | Shades of grey | Valeurs des tons gris | 155

아민 호프만 Armin Hofmann
포스터

chtspiele
ntal
Wilhelm Tell
Spitz
Gewerbemuseum Basel
7. Juni bis 31. August 1969

아민 호프만 Armin Hofmann
포스터

die
gute
form
Kar
Gei
ser
Ausstellung Kunsthalle Basel 12.Okt. bis 24.Nov.
FELIX
VALLOTTON
KUNST
DES OSTENS

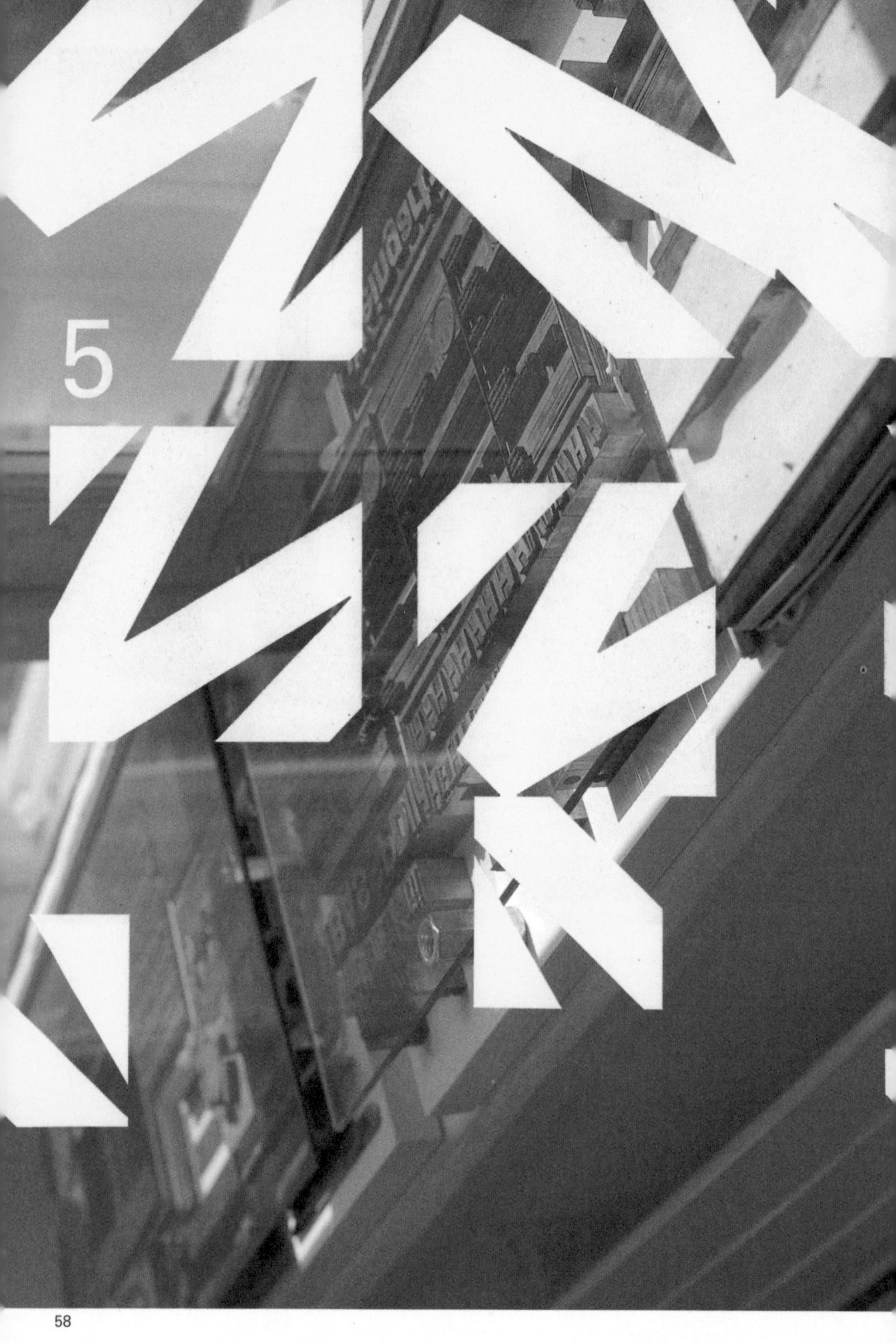
5

# Scary **Weingart**

무시무시한 바인가르트

스위스 포스터
Das Schweizer Plakat

볼프강 바인가르트
Wolfgang Weingart
1983

Das
weizer Plakat
Gewerbemuseum Basel
1900
–1983
Bruno
Margadant
Birkhäuser Verlag
Basel
er Plakat

나의 선생님, 나의 친구, 나의 가족…
타입 샵이라고 불리는 볼프강 바인가르트의 교실에선 매일매일 많은 일들이 일어난다. 처음 학교에 등교하던 날을 잊지 못한다. 사방에서 들려오는 이해할 수 없는 언어들과 낯선 사람들 속에서 긴장한 모습의 나는 어찌할 바를 모르고 우왕좌왕하고 있었다. 수강 신청은 잘 된 것인지 지금 올바르게 하고 있는 것인지 불안해하며 앞으로 가르침을 받아야 할, 나를 비행기로 열두 시간 거리의 이곳까지 오게 한 장본인, 둥근 안경을 쓰고 냉정한 모습으로 나를 쳐다보고 있는 바인가르트 앞에 섰다.

시간을 지킬 것
휴대폰 사용 금지
음식물 반입 금지
떠들지 말 것
책상은 항상 깨끗이
컴퓨터는 사용 후 반드시 끌 것
레이저프린터는 필요없이 사용하지 말 것
허가받지 않은 물건엔 손대지 말 것

지금은 어떤 일이 있더라도 그냥 웃어 넘길 정도가 되었지만, 상당히 엄격하고 모든 일에 철두철미한 바인가르트와의 수업은 나의 유학 생활 최대의 시련이었다. 스위스에 도착하자마자 입에서 외국어가 술술 나올리도 만무했고, 내 인생에서 가장 무서운 선생님 앞이었으니 더더욱 입은 얼어붙을 수밖에 없었다. 그렇기 때문에 나의 호랑이 선생님은 언제나 머리 끝까지 화를 내시곤 했다.

18.
Hamburg
W.W.

Yes or No.
어떤 질문에 대한 답변으로는 긍정 혹은 부정 외에도 무엇인가 애매 모호한 것이 있을 것도 같다. 그러나 그의 앞에서 잠시라도 어물쩡댔다간 금새 호통과 함께 답변에 대한 다그침이 시작되곤 한다. 아직도 귀에 윙윙 거린다. 예스 아니면 노우.

바쁘다 바빠.
무엇인가 허튼 질문을 하거나 쓸데 없이 그의 시간을 뺐는다면 바로 중범죄자 취급을 받을 지도 모른다. 가끔은 궁금한 것을 물어보려 해도 바쁘다며 호통을 치거나 수업 시간은 이미 끝났다며 안 들리는 체한다. 바쁜 그의 시간을 뺏기 위해서 나는 항상 절묘한 타이밍을 잡으려고 노력했지만, 뺏어본 적이 몇번이나 되었는지 기억도 나지 않는다. 매일 바쁘다고 하시며 부산하게 움직이시지만, 거의 메일 체크와 인터넷 서핑만 하는 것처럼 보일 때 우리는 한숨을 지었다.

일단 하라.
수업 시간이 되어 작업에 대해서 이것저것 질문을 하거나 작업 계획에 대해 상의해보려고 해보았자 헛수고일 뿐이다. 아무것도 하지 않은 상태에서 그를 불러놓고 이런저런 것을 하려고 하는데, 어떨까요?라고 한다면, 질문을 끝까지 하는 것만도 대성공이며, 아마도 90%는 질문의 끝을 맺지 못할 것이다. 매정하게 등을 돌리고 가는 그는 이렇게 말한다. 일단 하라.

얼마간의 시간을 보내고 나의 선생님에 대해 어느 정도 알게 되었을 때 나는 그로부터 많은 것을 배웠다. 시간을 충실히 쓰는 법을 배우고, 작업에 임하는 태도를 배웠다. 그는 자신을 위해 쓰기에도 부족한 소중한 시간을 떼어내어 나의 작업을 도와주고, 때로는 이른 새벽과 주말의 시간도 내어주셨다. 어떤 때엔 냉정하지만, 나의 작업을 위해 정말 필요하다면, 직접 풀칠과 가위질을 해줄 뿐만 아니라 나보다도 오랫동안 고민해주었다. 간혹은 식사를 못한 나를 위해 직접 만든 샌드위치를 주기도 하셨던 나의 타이포그라피 선생님.
2년 동안 그의 타입 샵은 나의 집과 같았다.
그는 나의 선생님이었고, 친구였으며, 가족이었다.

어느 날 농담삼아 그가 말했다.
인생은 쉬운 것이 아니야.
나는 하하 웃었고, 다시 한번 생각해보았다.

**볼프강 바인가르트**
**Wolfgang Weingart**
1941- 현재
1968년부터 2004년까지
바젤 디자인학교 Basel school of design에서 타이포그라피를 가르쳤다.
1974년부터 1996년까지
브리사고 Brissago에서 미국 예일대학교 여름 프로그램을 진행하였다. 지난 30여 년 동안 유럽과 북미, 남미, 그리고 아시아와 호주, 뉴질랜드 등에서 수많은 강연을 가졌다.
포스터와 출판물 등
많은 작품들은 여러 미술관에 소장되어 있으며 세계 각국에 널리 소개되었다.
그는 스위스 스타일에서 벗어나 꼴라쥬와 포토몽타쥬 등의 다른 기법들을 응용하여 한층 더 다양하고 실험적인 타이포그라피의 새로운 세계를 창조하였다. 그의 가르침을 받은 댄 프리드먼 Dan Friedman, 에이프릴 그레이먼 April Greiman 등과 같은 전세계의 많은 제자들은 그의 새로운 타이포그라피를 널리 알리는 데 일조하였다.

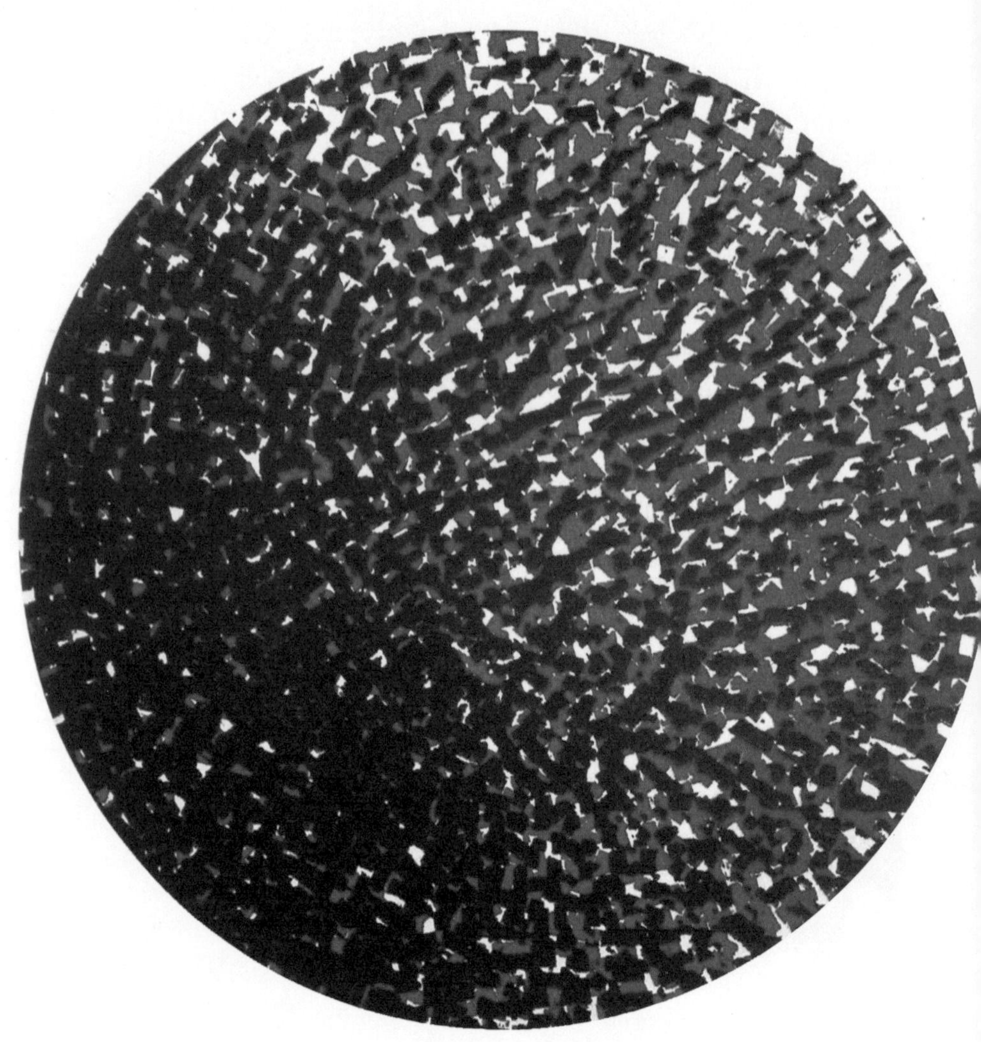

원구성
Round Composition
1990

원구성
Round Composition
1990

17:30
Graphis 86

Weingart
Graphis
Heft 1–8
Graphis
Heft 9–14

# Projekte.

## Weingart:
## Ergebnisse aus dem Typographie-Unterricht an der Kunstgewerbeschule Basel, Schweiz.

| Projekt I | James Faris. Werkzeug, Arbeitsmethode: Eine ‹typographische› Bildkonfrontation in 26 Collagen. | Vorwort von Armin Hofmann |
|---|---|---|
| Projekt II | Gregory Vines. Das Tor in Bellinzona: Ideen, Skizzen, Entwürfe. Die 6 Umschläge für die ‹Typographischen Monatsblätter› 1978. | |

# Projects.

## Weingart:
## Typographic Research at the School of Design Basle, Switzerland.

| Project I | James Faris. Tool, Process, Sensibility: Images of Typography in 26 Collages. | Introduction by Armin Hofmann |
|---|---|---|
| Project II | Gregory Vines. The Gate in Bellinzona: Ideas, Sketches and Designs. The 6 Covers for the ‹Typographische Monatsblaetter›, 1978. | |

Verlag Arthur Niggli AG

프로젝트 Projekte
표지
1979

# 심심한 도시에서 재미있게 살기

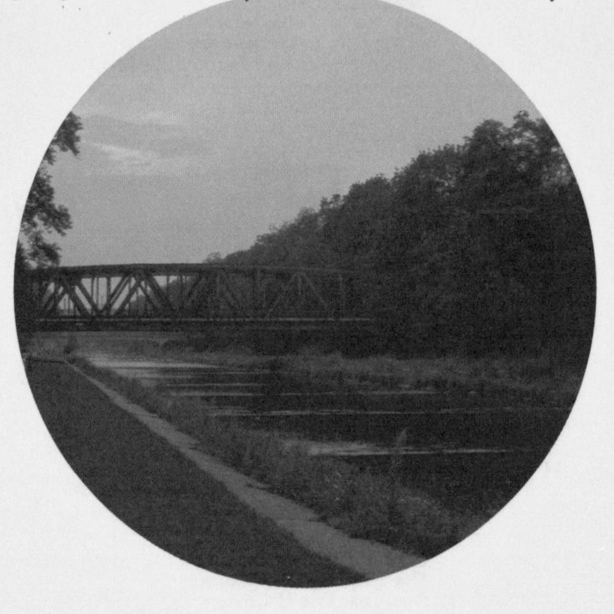

# 심심한 도시에서 재미있게 살기

# 6

## 심심한 도시

## 끝없이 재밌는 도시

# Boring city amusing city

**바젤 Basel**
스위스의 북서쪽에 위치하여 프랑스, 독일과 국경을 마주하고 있는 스위스 제 2의 도시이며 스위스에서 가장 오래된 대학과 세계적인 제약회사가 있는 종교, 신학, 예술, 경제의 중심지

BASEL

수도 베른, 스위스 최대의 도시 취리히, 알프스의 인터라켄과 같이 스위스 하면 떠오르는 도시들은 상당히 많다. '우리는 지금 제네바로 간다' 라는 영화도 있고, 생모리츠 동계 올림픽도 들어본 적이 있다. 우리 나라와 비교할 때, 각각의 도시들이 시골 마을 정도의 규모인데도 불구하고, 귀에 익은 도시들이 많다는 것은 그만큼 여행지로서 특별한 것을 가지고 있기 때문일 것이다.

바젤이란 도시는 어디선가 듣기에 스위스 제 2의 산업 도시이며, 인구수와 크기, 경제 규모로 봤을 때 어느 곳과 비교해도 빠지지 않는다고 한다. 그럼에도 불구하고, 보통의 사람들에게 물어보면 알고 있는 사람이 거의 없다. 대부분의 사람들이 이 도시에 대해 들어본 적이 없는 것도 이해는 된다. 말만 스위스이지 주변에 어디 멀리 눈덮인 산봉우리라도 보이던가, 아니면 그 흔한 호수가 있어서 유람선이라도 둥실 떠 있어야 스위스라는 생색을 낼 수 있지 않은가.
알프스에서 한참 떨어져서 프랑스, 독일과 함께 셋이 국경을 딱 붙이고 있어서, 아침에 역에 나가보면, 바젤로 출근하는 프랑스인들이 하나 가득 몰려오고, 심지어 학교 선생님도 프랑스에 살고 있다. 아예 독일에서 등교하는 학생까지 있으며, 심지어 식사하러 국경을 넘나들고 있으니 여기가 스위스인지 독일인지 프랑스인지, 무엇인가 불명확한 곳에 살고 있는 것 같다.

독일인지 스위스인지 알 수 없는 이곳, 여름의 유럽에서는 눈만 돌려도 대한민국의 배낭 여행객을 볼 수 있다는데, 이곳에선 밤하늘 별똥별 보기보다 힘드니, 관광객에게 얼마나 인기 없는 곳인지 알 수 있다. 실제로 이곳에서 서울에서와 같은 휘황찬란한 재미를 바란다는 것은 거의 불가능하다. 오후 6시만 되도 거의 모든 상점이 문을 닫고 오가는 사람조차 없어서 해가 늦게 지는 여름의 저녁에 외출을 해보면, 유령 도시가 따로 없다. 장기간 거주하는 사람들 중에도 이곳보다 재미없는 곳은 없다고 말하며 괴로워하는 사람이 적지 않은 것을 보면, 어느 정도 그런 심정이 이해는 가지만, 어떤 사람들에게 죽도록 심심한 도시도 또 어떤 사람들에게는 정말 끝없이 재미있는 도시일 수 있지 않을까?

끝없이 재미있는 도시였다.
도서관을 뒤져 역사책에서만 보던 자료들을 실제로 감상하며 시간가는 줄 몰랐고, 매년 벌어지는 유럽 최대 카니발의 음악 소리에 취했으며, 삼십여 개나 되는 미술관, 박물관들에서 아름다운 작품들을 보았다.
그리고 낭만적인 카페에서 차를 마시며 이야기를 나누는 여유로운 삶을 즐겼다.

**바젤 성당 Münster**
라인 강변의 언덕에 위치한 성당에선
바젤의 시내가 한눈에 내려다 보인다.

바젤의 상징, 바실리스크 Basilisk와
거리의 모습

**바젤 시청 Rathaus**
시내 한복판에 우뚝 서있는 빨간 시청은
정교한 그림들과 특이한 부조들로
장식되어 도시를 특징 있게 만들고 있다.

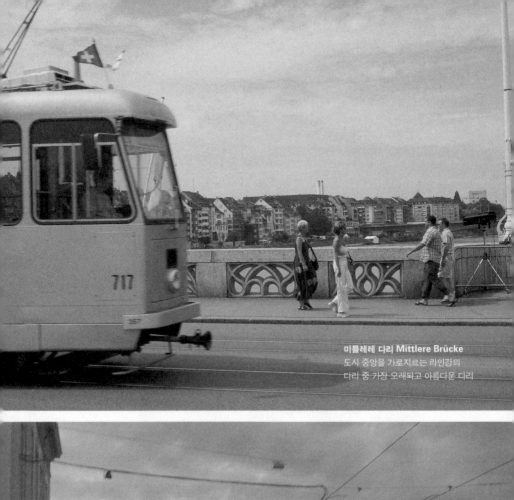

**미틀레레 다리 Mittlere Brücke**
도시 중앙을 가로지르는 라인강의
다리 중 가장 오래되고 아름다운 다리

# 7

# 미술관과 박물관 삼십 개와 아트 바젤

# 30 Museums and ArtBasel

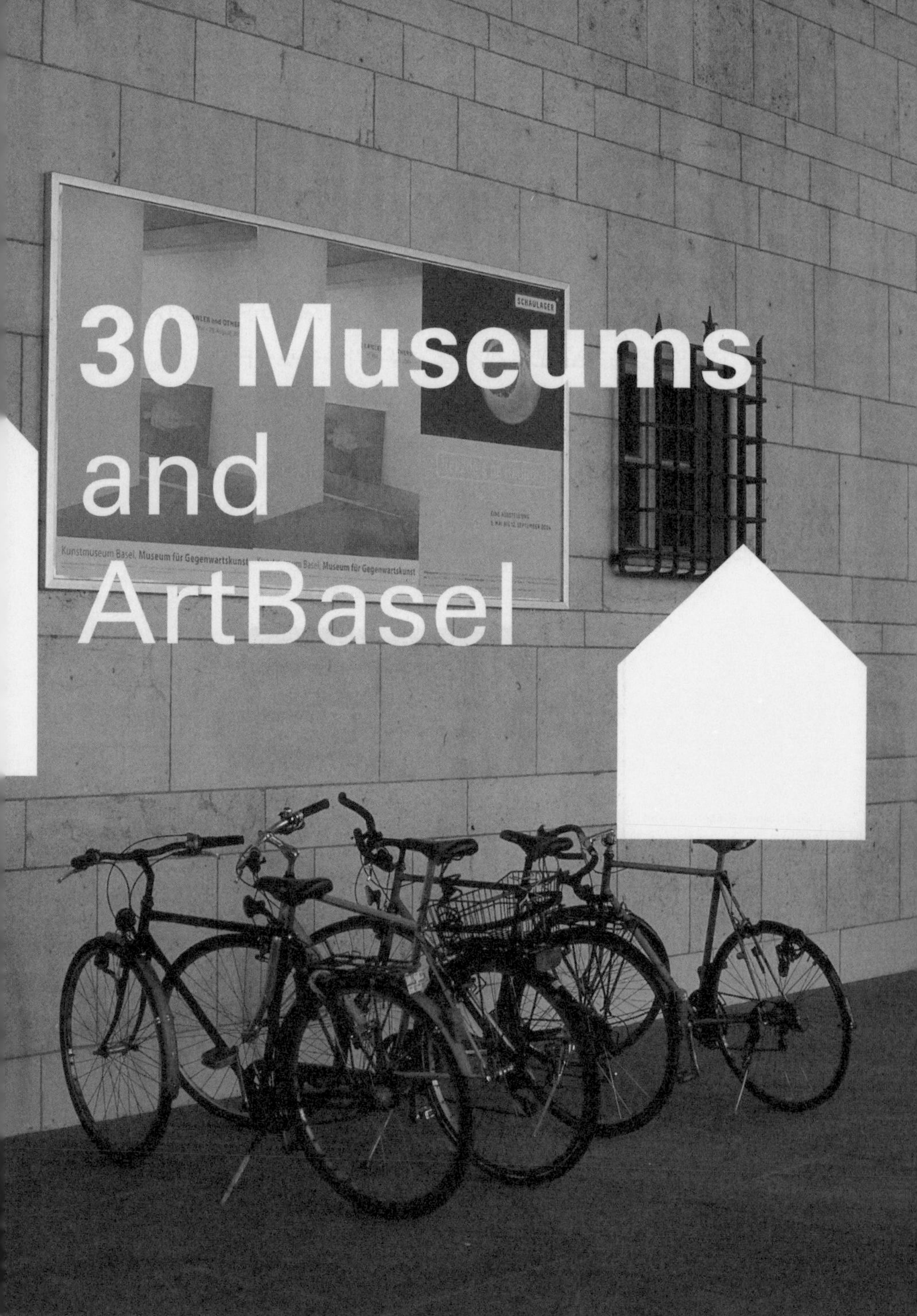

2년이란 시간이 긴 시간일 수도 있고, 어찌보면 매우 짧은 시간일 수도 있으나, 나에게 스위스의 처음 1년은 2년 이상으로 길게 느껴졌으며, 나머지 1년은 마치 한 달처럼 짧게 느껴졌으니, 대강 2년이란 시간의 속도에 맞추며 살아간 셈이 되었다. 천천히 걸어서 한 시간이면 시내의 중심지를 한 바퀴 돌고도 남을 작은 도시였지만, 군데군데 알뜰하게 펼쳐진 삼십여 개나 된다는 미술관과 박물관들을 모두 다 둘러보지는 못했다. 서울과 비교해보면, 신촌 일대의 크기밖에 안 되는 작디 작은 이곳에서 하루하루가 매일 똑같이 새로운 일도 없이 살다가는 누구 말처럼 정신병원에 끌려가기 딱 맞을지도 모르겠지만, 좋은 작품들로 가득한 미술관에선 끊임없이 흥미로운 전시가 열렸기 때문에 나에게 이곳의 하루하루는 새로움의 연속이었다.
밤마다 클럽에 가거나, 친구들과 모여서 밤새도록 맥주잔을 기울이고, 아니면 날마다 엄청난 뉴스들이 눈코 뜰 새 없이 쏟아지지는 않더라도 삶은 바쁘게 돌아간다. 도시는 작지만, 할 일은 많다.

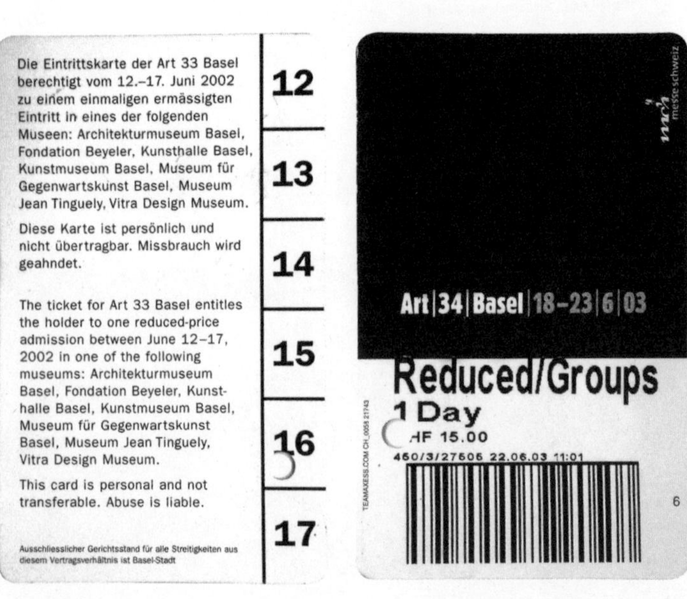


ArtBasel
www.art.ch

모든 시대의 작품을 망라하여 소장하고 있는 바젤의 대표 미술관 쿤스트 뮤지움 Kunstmuseum에선 이런 저런 다양한 작품을 보며 미술사의 변화를 슬쩍 맛보아도 좋고, 미술관 앞마당의 벤치에 잠시 앉아 샌드위치를 먹어도 좋을 것이다. 아니면 시내 중심가 복잡한 거리의 바로 위에 있는 쿤스트 할레 Kunst Halle에서 쟝 팅겔리의 분수도 보고, 항상 그곳에서 상영되고 있는 다양한 예술 영화를 감상할 수도 있을 것이다.

북적거리는 중심가를 떠나 전차를 타고 약 15분 가량 시외각을 달려서 한적한 들판과 야트막한 산이 보일 때쯤이면, 건축가 렌조 피아노가 지은 개인 수집가 에른스트 베옐러의 베옐러 미술관 Foundation Beyeler을 만날 수 있다. 고흐와 모네에서부터 피카소나 앤디 워홀까지 근현대 작가들의 작품을 감상하고, 미술관 한켠의 푹신한 소파에서 창 밖으로 조용한 들판을 보며 잠시 낮잠을 즐겨도 좋을 것 같다.

베니스 비엔날레, 카셀 도큐멘타만큼은 아닐지라도, 세계적으로 손꼽히는 미술 박람회인 아트 바젤 Art Basel이 열리는 여름에 때마침 이곳에 와있다면, 세계의 모든 유명한 작가들의 작품들을 질리도록 볼 수 있을 것이다. 거대한 박람회장 안에 피카소 같은 거장의 작품이 아무데나 아무렇지 않게 걸려 있을 정도로 전시된 작품들의 양이 너무 많아서, 구석구석 보려면 하루 정도론 불가능하니 쉬엄쉬엄 테라스의 아이스크림을 즐기며 천천히 감상해도 될 듯하다.

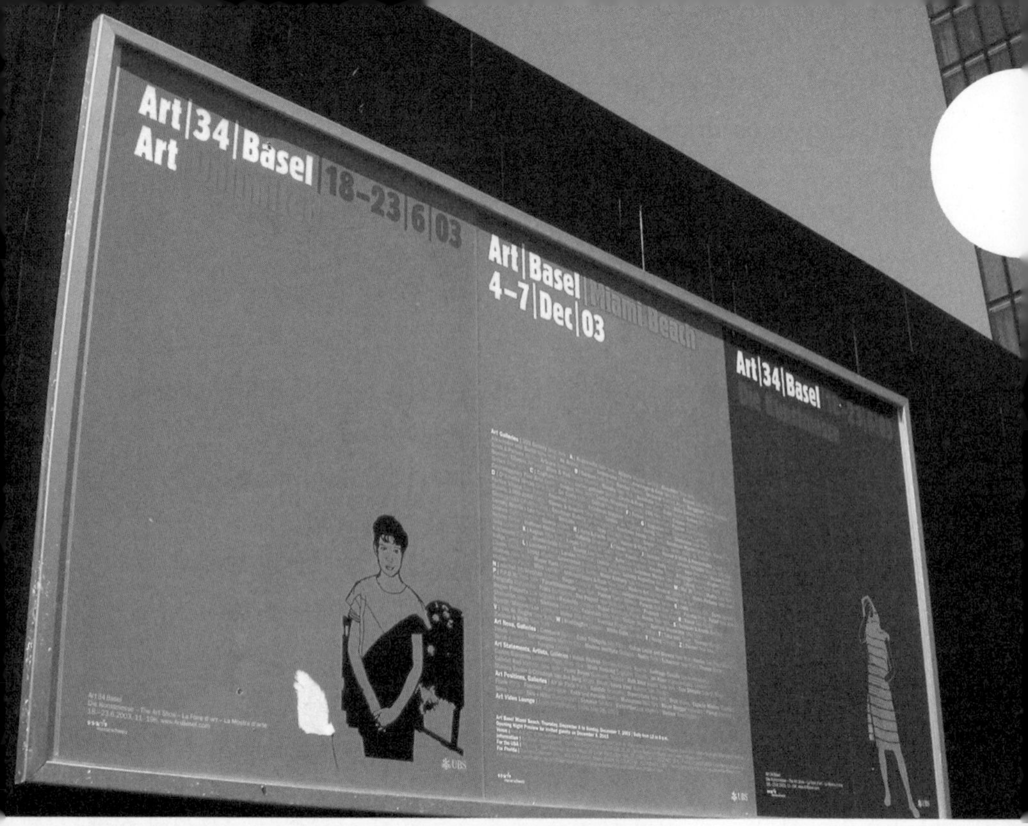
Art|34|Basel
Art
18–23|6|03
Art|Basel
4–7|Dec|03
Art|34|Basel
UBS

Art
Unlimite

KUNSTMUSEUM

UBS
UBS

ONDATION
BEYELER

Karikatur
& Cartoon
Museum
Basel

Wouters, Rik
Wou-Ki Zao

긴 여행길이나 일주일의 피로가 쌓인 일요일에는 미술관을 찾곤 한다. 금방이라도 잠이 들것처럼 몸이 무겁고, 다리엔 더이상 걸을 힘이 남아 있지 않더라도 어느 순간 눈앞에서 말을 잇지 못하게 하는 아름다운 작품을 만날 때, 나는 잠시 내가 아닌 다른 사람이 된다.
덥고 길고 긴 여름, 춥고 어두운 겨울… 스위스의 나는 과거의 혹은 현재의 천재들을 보며 더위를 잊고 몸을 녹였다.

Claude Monet ... bis zum digitalen Impressionismus
28. März bis 4. August 2002
163242
CHF 5,00 Inkl. 2.4% MWST Nr. 415 562 (123)
Täglich 9:00 - 20:00 Uhr geöffnet
09.05.2002
ONLINE TICKETS
www.beyeler.com
FONDATION
BEYELER
Baselstrasse 101, CH-4125 Riehen 1, Telefon +41 61 645 97 00, Fax +41 61 645 97 19

**쿤스트 뮤지움**
**Kunstmuseum Basel**
St. Alban-Graben 16
www.kunstmuseumbasel.ch
화 - 일. 10:00 - 17:00

**베옐러 재단 Foundation Beyeler**
Baselstrasse 101, Riehen
www.beyeler.com
월 - 일. 10:00 - 18:00
수. 10:00 - 20:00

**쿤스트할레 Kunsthalle Basel**
Steinenberg 7
www.kunsthallebasel.ch
화 - 일. 11:00 - 17:00
수. 11:00 - 20:30

**바젤 현대 미술관 Museum für Gegenwartskunst Basel**
St. Alban-Rheinweg 60
www.mgkbasel.ch
화 - 일. 11:00 - 17:00
수. 11:00 - 19:00

**인형의 집 박물관**
**Puppenhausmuseum**
Steinenvorstadt 1
www.puppenhausmuseum.ch
월 - 일. 11:00 - 17:00
목. 11:00 - 20:00

Entblösst
expressionistische
Menschenbilder
22. Juni 2003
museum
Werke auf Papier aus dem
Kupferstichkabinett Basel
CALDER
MIRÓ

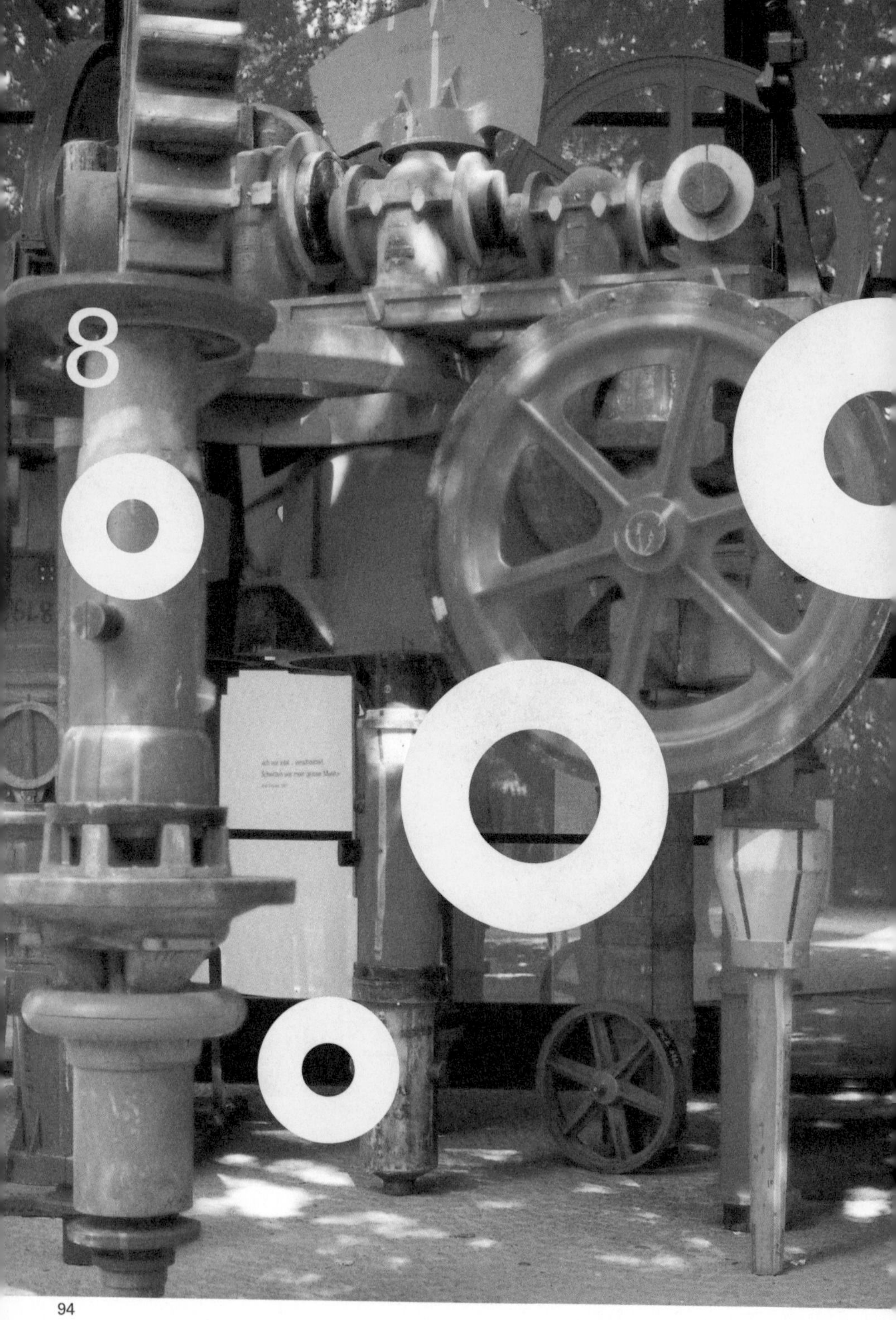
8

# 움직이는 팅겔리

# Moving Tinguely

KOSENMUND

바젤 시내의 한가운데를 가로지르는 라인강을 따라가다 보면,
스위스 루가노 태생의 세계적인 건축가 마리오 보타 Mario Botta가 설계한 붉은색 건물의 장 팅겔리 미술관이 있다.
일요일 오전, 약간은 늦은 아침을 먹고, 잠시라도 가만히 있지 못하는 룸 메이트의 손에 이끌려 외출을 했다. 일단 집을 나오긴 했는데, 어디로 가야할까… 발걸음이 이끄는대로 라인 강변으로 가니 일요일 오전의 한가한 강가엔 조깅을 하는 사람들, 벤취에 앉아 한가롭게 시간을 보내는 사람들, 강둑에 누워서 일광욕을 하는 사람들이 드문드문 보였다.
강가를 따라 걷던 우리는 길가의 탁구대에서 잠시 탁구를 쳤고,
운동에 소질이 없는 나는 이리저리 탁구공을 튕기다가 3대 0으로 지고 말았다. 탁구대를 지나 조금 더 걸어서 작은 공원 끝에 자리잡은 바젤의 자랑, 팅겔리의 미술관에 도착했다.

파리의 퐁피두 미술관에 가본 사람이라면, 미술관 앞에서 화려한 색상의 작은 조각들이 오밀조밀 움직이는 분수대를 본 적이 있을 것이다.
니키 드 생팔 Niki de Saint Phalle과 그의 남편 장 팅겔리 Jean Tinguely가 함께 만든 이 분수대와 바젤의 명물, 장 팅겔리의 분수대를 본다면, 팅겔리가 뭐하는 사람인지 대강 알아차릴 수 있을 것이라 생각한다.
키네틱 아트라고 하는, 말하자면 움직이는 미술 작품을 만들었던 팅겔리의 이 미술관에서는 그의 많은 작품들과 그가 영향을 받았거나, 관련이 있는 특별 전시들이 끊임없이 열린다.

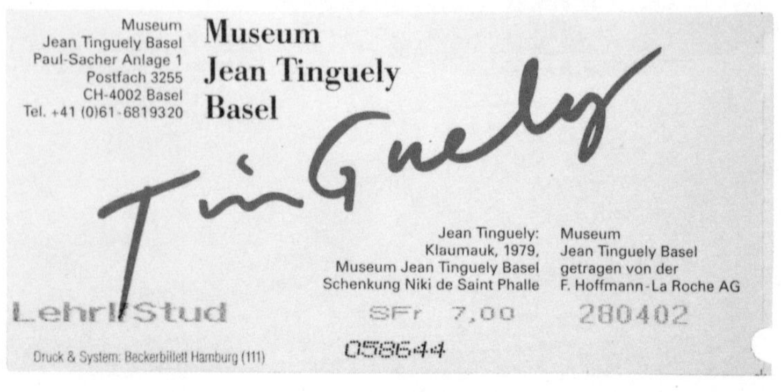

누군가 고장난 피아노 건반을 간간이 두들긴다.
또 어디에선가 육중한 철물이 바닥을 구르는 소리가 들린다.
무엇일까 이 소란은…
창문 밖으로 공사중인 소음이 들리는 걸까?

미술관 입구 바로 안쪽에서 열리곤 하는 마르셀 뒤샹 Marcel Duchamp이나 쿠르트 슈비터스 Kurt Schwitters 등의 특별전을 보고 있노라면, 어디선가 삐그덕삐그덕, 철컹철컹하는 소리가 들리고, 가끔은 매우 서투른 솜씨의 악기 소리가 들리기도 한다. 눈앞의 작품들에 열중하다가도, 가끔씩 들리는 정체 불명의 소리에 궁금증은 더해간다. 사람 키만큼이나 큰 거대한 수레 바퀴가 군데군데 달려 있고, 또 한 귀퉁이엔 어디선가 주워다 붙인 것 같은 낡디 낡은 피아노도 달려 있다. 각양각색의 고철들과 오래된 물건들을 모아 붙여놓은 이 거대한 뭉치의 정체는 아직 알 수가 없다. 바퀴가 달린 것으로 봐선 움직이는 무엇인 것도 같고, 또 한쪽에 거대한 커튼이 달려 있고, 회전 목마의 일부분도 달려 있는 걸 보면, 서커스단에서 버리고 간 공연 도구인가 싶기도 하다. 무엇인가 궁금해하며 구석구석을 들여다 보고 있는 중에 죽어있는 줄 알았던 이 정체 불명의 기계는 살아나기 시작한다. 기계의 몸통 구석구석에 달려있는 수레 바퀴들은 제각기 다른 속도로 돌아가며 피아노 건반을 두들기기도 하고, 주렁주렁 매달린 기계 뭉치들은 이유가 있는 듯 없는 듯 오르락내리락 제 할 일을 한다.

**파그나흐트 분수**
**Fasnachts Brunnen**
장 팅겔리가 만든 바젤의 명물, 종종
팅겔리 분수라 부른다.
파스나흐트란 유럽에서 가장 유명하다는
바젤의 카니발을 지칭하는 이름.
Theaterplatz

또 한쪽의 다른 기계들은 철커덕철커덕 소리를 내며 도화지에 그림을 그리고, 캔버스 위에 놓여진 단순한 도형들은 슬그머니 움직여 그새 또 다른 작품을 만든다.
아름다운 그림이다. 이렇게 보고 저렇게 보면 이런 표정의 그림은 또 다른 표정의 그림이 된다. 아이들은 신기해 하고, 어른들은 즐겁다.
단지 움직이는 미술 작품이어서 좋은 것이 아니라, 새로운 무엇인가를 보여주기 때문에 특별하다.

전시를 보고 나와서 만난 기념품 가게의 엽서 속에서 검은 모자를 쓰고 작품을 만드는 젊은 팅겔리와 백발이 되어 여전히 활기차게 작업을 하고 있는 노년의 팅겔리를 보고 부러움을 느꼈다.

**팅겔리 미술관**
**Museum Jean Tinguely Basel**
Paul Sacher-Anlage 1
www.tinguely.ch
화 - 일. 11:00 - 19:00

9

# Schaulager and Vitra

샤우라거와 비트라

오래된 미술관 지하의 어둡고 음습한 방에는 천장까지 닿을 정도로 많은 과거의 명작들이 잠자고 있다. 지난 시절의 어느 때 즈음, 영감이 풍부하고 재능을 타고난 어느 탁월한 예술가는 혼신의 힘을 다해 세기의 명작을 남긴다. 세월은 흐르고 흘러 그 혹은 그녀의 작품은 어느 농가의 부엌에 장식되어 가족들의 식탁을 풍성하게 하거나, 어느 수집가의 거실에서 살아 숨쉬다가 고풍스럽게 지어진 미술관의 지하 어느 한켠으로 흘러들어와 잠자는 숲속의 미녀처럼 다시 깨어나길 기다리며 잠이 든다. 운이 없다면, 그 작품은 그림들이 보관된 선반 너머로 떨어져 백년 혹은 이백년이 넘도록 깨어나지 못할 지도 모른다.

**샤우라거 Schaulager**
Ruchfeldstrasse 19
Münchenstein/Basel
www.schaulager.org
화/수/금. 12:00 - 18:00
목. 12:00 - 19:00
토/일. 10:00 - 17:00

어느 오래된 도서관이나 박물관의 지하 창고에서 옛날 옛적에 사라졌다던 다 빈치나 고흐의 작품이 발견되었다는 기사를 읽을 때면 영화에 나올법한 컴컴하고 어두운 마법의 기운이 드리워진 지하의 공간을 무대 삼아, 발견된 그림이 거쳐간 사람들에 얽힌 비밀스럽고 기구한 사연들을 상상해 보곤 한다. 하지만 현실의 세계에선 사람들의 부주의로 사라졌던 대가의 운 없는 작품이 아직 온전히 보존되어 있는지, 우리 옆에서 삶을 풍족하게 하고 세상을 아름답게 해야할 예술 작품들이 얼마나 많이 우리의 손길이 닿지 않는 어둠 속에 방치되어 있는지 알 길이 없다.
그래도 과거의 회화 작품들은 액자에 정성스레 끼운 채 손쉽게 보관하면 되겠지만, 새로운 시대에 태어난 현대의 예술 작품들은 그 모양이나 규모, 형식이 너무나 다채로와서 약간의 부주의만으로도 쉽사리 사라져버릴지 모른다.

샤우라거 Schaulager는 이런 현실을 주목하여 만든 새로운 형태의 예술 공간이다. 지하에 파묻혀 겹겹히 쌓여 보관되던 미술품의 보관소는 이 현대적인 건물의 가장 핵심적인 공간인 상부층으로 옮겨져 작가별로 구분된 공간에 진열되어 보존되고, 거대한 규모의 설치 작품 등은 지정된 공간에 완벽하게 재현되어 이 건물이 사라질 때까지 남아 있게 된다.

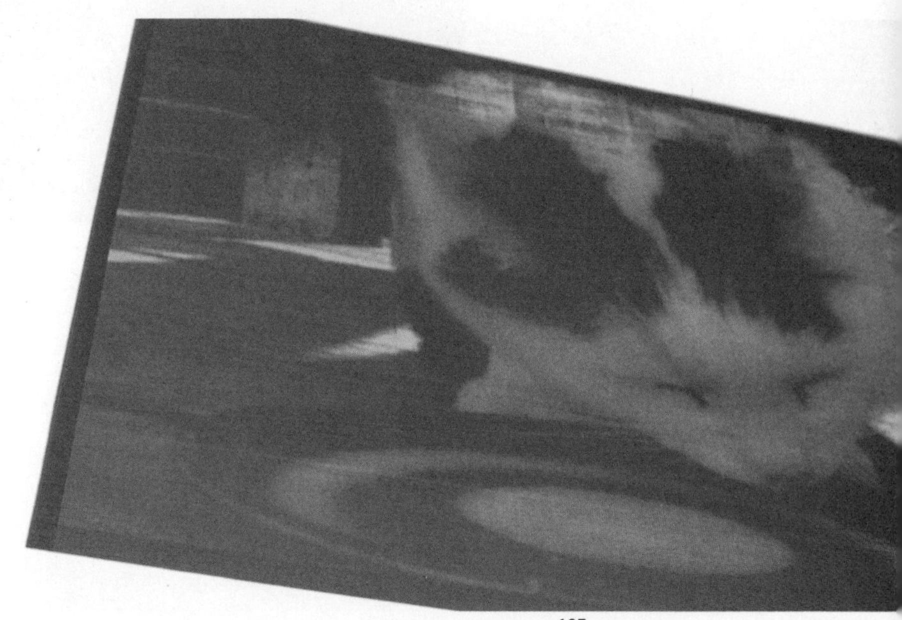

SCHAULAGER

전시를 위한 미술관이라기보다는 작품의 보존에 중점을 둔 거대한 미술 창고인 이 공간의 특별함은 건물 자체의 환상적인 디자인과 세심하게 기획된 특별 전시에서도 볼 수 있다.

전차를 타고 바젤시 외곽으로 10분 정도를 가면, 살아 숨쉬는 듯한 텍스처를 가진 건물 외벽과 건물 정면에 두 눈처럼  배치된 거대한 크기의 스크린을 가진 헤르조그와 드 모론 Herzog & De Meuron이 설계한 건축물이 모습을 드러낸다.
미술관의 입구에서 바라보면, 이 건축물은 대체 어떻게 생긴 모양인지 알 수가 없다. 거대한 육면체 모양을 한 붉은 흙덩이의 한 귀퉁이는 싹둑 잘려서 다시 안쪽으로 적당하게 파여 있고, 그 파여진 안쪽은 깔끔하고 매끈하게 하얀 다각형이 뚝 떨어져 나간 것 같은 모습이다. 건물의 뒷편으로 가면, 붉은 색의 거친 흙과 같은 표면엔 가로로 길게 불규칙한 균열이 있다. 마치 하나의 형태에 두 가지 혹은 그 이상의 다양한 형태가 더해진 듯한 이 건축물은 이곳에서 보고 저곳에서 봐도 모두 다른 모습을 하고 있다.

시 외곽의 약간은 황량한 곳에 불현듯, 마치 지구에 착륙한 외계의 우주선처럼 덩그러니 놓여있는 샤우라거에서 그 건축의 새로움에 놀라고, 그 안에서 만난 디이터 로스 Dieter Roth의 회고전을 보며 큰 감명을 받았다. 화가이며 디자이너, 조각가이자 작가, 동시에 음악가였던 그의 수없이 다양한 장르의 작품을 보고, 그가 기록한 영상물들과 음악들을 체험하며, 여러 도시에 있는 몇 개의 아틀리에에서 끊임없는 창작열을 불태웠던 그를 질투하고 부러워했다. 몇 달간의 전시를 끝으로 샤우라거에서의 그의 특별 전시는 사라지겠지만, 그의 경이로운 작품들은 건물 어딘가의 공간에서 잠자지 않고 살아 숨쉬며 또 다른 날을 기다릴 것이다.

샤우라거를 뒤로 하고 돌아서서 샤우라거와 디이터 로스가 준 흥분을 다시 한번 음미하며, 내 앞에 펼쳐질 또 다른 새로운 세계로 나아가기 위해 집으로 가는 걸음을 재촉했다.

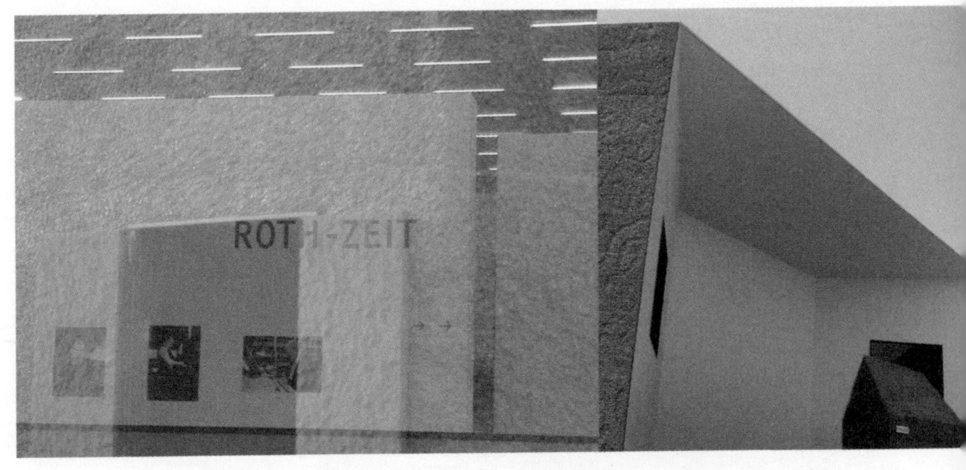

외국을 방문하거나 여행한다는 것은 사방이 바다로 둘러싸여 있고 휴전선이 가로 막혀 있는 우리 나라의 사람들에게 특별한 일이 아닐 수 없다.
비록 요즈음엔 유럽으로 배낭 여행을 간다거나 동남아시아의 휴양지로 여행을 떠나는 경우가 흔해졌지만, 그래도 가까운 일본이나 중국에라도 한 번 가려면, 거추장스러운 비자를 받고 짐을 꾸려 공항에서 비행기를 타지 않으면 안 되는 것이다.
독일, 프랑스, 이탈리아, 오스트리아 4개국, 리히텐슈타인까지 친다면 5개국과 맞닿은 스위스는 내륙의 한가운데 위치하고 있어서 바다를 보는 일도 수월치 않고, 항구를 가진 도시에 있는 어떠한 풍족함과 광활한 바다만이 내뿜는 막힘 없는 통쾌함을 기대하기 힘들다. 하지만, 걸어서 혹은 자전거를 타고 아니면 버스를 타고 하루에도 수십 번씩 이 나라 저 나라를 오갈 수 있다는 큰 매력을 가지고 있다.
쉽게 왕래할 수 있는 나라들이 주변에 있기 때문에 세계와 더욱 가까워질 수 있을 것이고, 젊은이들은 좀 더 손쉽게 더 큰 꿈을 가지고 여러 나라를 방랑할 수 있는 것이다.
프랑스와 독일, 스위스, 세 나라가 맞닿은 지점에 위치한 바젤에선 자전거를 타고 장을 보러 독일이나 프랑스로 가는 일이 당연하고, 저녁 식사를 하러 다른 나라로 가는 일도 가능하다.

**비트라 디자인 미술관**
**Vitra Design Museum**
Charles-Eames strasse 1
Weil am Rhein, Germany
www.design-museum.de
화-일. 11:00 - 18:00

시내버스를 타고 십여 분만 가면 도착하는 독일 국경의 작은 도시, 바일 암 라인 Weil am Rhein에는 유럽에서 손꼽히는 디자인 미술관이 있다. 오랜만에 여권을 꺼내고, 책상 위 어딘가에 넣어둔 유로화 동전을 모아 들고 버스를 탔다. 국경을 지나고 길가의 독일 촌락을 구경하며 가다보면, 넓은 들판 위에 비트라 Vitra가 나타난다.
세계적인 가구 생산 업체인 비트라에서 운영하는 비트라 디자인 미술관, 확인할 필요도 없이 프랭크 게리 Frank Ghery가 지은 비트라 디자인 미술관이 틀림없다. 그의 냄새가 물씬 풍기는 절묘한 곡선과 직선의 새하얀 건물과 안도 타다오 Ando Tadao가 만든 회의용 건물, 그 밖에도 비트라 단지 내부의 여러 공장들과 건물들은 모두 유명한 건축가들에 의해서 만들어졌다.
미술관 안에서 전시되는 것들보다 오히려 건축물 자체가 더 유명하지만, 비트라가 가지고 있고, 수많은 디자이너의 손에 의해 창조된, 지난날부터 오늘날까지의 단순하거나 화려한 온갖 종류의 의자들을 그냥 지나칠 수는 없다. 의자의 형태만으로도 디자인은 어떻게 변해왔고 어떻게 나아가고 있는지 한눈에 알 수 있다.

미술관 앞의 넓은 잔디밭에서 하늘 위로 커다란 뭉게구름들이 지나가는 것을 보았다. 싱그러운 초록 빛깔의 잔디밭에 놓여 있는 우아하며 복잡한 형태의 새하얀 건축물은 금방이라도 하늘로 떠올라 뭉게구름과 함께 날아가 버릴 것만 같다. 국경 근처의 작은 도시 한켠에 위치한 비트라는 아무것도 없이 국도변에 덩그러니 버스 표지판만 서 있는 곳이지만, 존재하는 한 수많은 디자이너들과 건축학도들이 끊임없이 모여들 것이다.
저 멀리 보이는 큰 건물에는 거대한 의자 그림과 함께 이렇게 써있다.
'의자의 도시… '

'디자인'이 도시를 만든다.

# 10

# Basler Papiermühle

# 나의 보물 창고

## 종이 박물관

기분이 울적하거나 이 작은 소도시에서의 삶이 지겹게 느껴질 때면 강 건너의 종이 박물관 Basler Papiermühle에 들러 하염 없이 시간을 보내곤 했다. 라인강으로 흘러드는 작은 지류의 한쪽, 물레방아가 달린 오래된 건물 하나에선 지금도 쿵덕쿵덕 종이를 빻고 그 다음 층에선 어느 장인이 손으로 인쇄기를 돌리고 있을 것이다.

마우스 클릭 한 번에 멋진 디자인이 탄생하는 시대에 디자인을 공부했던 나는 나의 두 손으로 종이를 만들고, 납활자들을 하나하나 조립하여 디자인을 하고, 그림을 그리고, 바늘에 실을 꿰어 책을 만드는 것을 왠지 모르게 동경해 왔다. 그런데 별 기대하지 않았던 이 박물관이 실은 내가 동경하던 모든 것을 모아놓은 일종의 보물 창고라는 것을 알았을 때에는 주위에 같이 기뻐할 누군가가 없다는 것이 한없이 아쉬웠다.

타악기를 연주하는 것처럼 쿵쿵거리는 소리를 들으며 입구로 들어가면, 바로 눈앞에서 거대한 나무 기계 장치들이 돌돌돌 돌아가며 이리저리 으쌰으쌰하며 종이의 원료를 빻고, 한쪽에선 솜씨 좋은 기술자가 물과 원료로 가득찬 거대한 통 속에서 종이틀을 날렵하게 움직여 한 장 한 장 종이들을 만들어낸다. 방문객들 또한 한 쪽에 마련된 작은 종이틀로 아름다운 문양이 찍힌 자기만의 종이를 만들어 기념품으로 가져갈 수도 있다.

2층에 마련된 작고 고풍스러운 방에선 부드러운 깃털이 달린 펜으로 마음껏 멋진 글자를 써보거나, 중세의 기밀 문서를 만들 듯 밀납을 녹여 이런 저런 문양을 찍어볼 수도 있다. 하지만 이곳에서 반드시 보아야 하는 것은 옆방의 납활자를 만드는 모습이다. 한쪽에선 보기만 해도 뜨거운 은빛의 납이 흘러넘칠 듯 출렁거리며 끓고 있고, 장인은 숙달된 모습으로 구텐베르크가 만든 방식과 똑같이 납활자들을 만든다. 그 다음 층에는 오랜 시간에 걸쳐 수집된 다양한 시대의 인쇄 기계들이 전시되어 있으며, 중앙의 오래된 인쇄기로 직접 자신의 이름과 종이 박물관의 건물 그림을 인쇄해 보는 경험을 할 수 있을 것이다.

마지막으로 창 밖에서 들려오는 시냇물 흐르는 소리를 들으며 맨 윗 층으로 올라가면, 아래층에서 만든 종이와 활자들로 책을 만드는 모습을 볼 수 있다.

한 장의 종이에서부터 작은 납활자들, 책을 묶는 기구까지 책을 만드는 모든 과정을 보고 나면, 지난 시대의 책들이 얼마나 많은 노력에 의해 만들어졌는지, 한 페이지의 글들이 얼마나 세심하게 디자인 되었는지 큰 감명을 받게 될 것이다.

**종이 박물관**
**Basler Papiermühle**
St. Alban-Tal 37
www.papiermuseum.ch
화 - 일. 14:00 - 17:00

오래된 건물이 너무 많아서 일이백 년된 집들은 오래된 축에도 끼지 못하고, 종이 박물관의 물레방아는 500년 동안 하루도 빠짐없이 돌고 또 돌아 오늘도 종이를 만들고 있다. 사람들은 과거를 잊지 않고 과거를 현재로 만들고, 구텐베르크의 금속 활자는 아직도 세계 최고의 발명 중 하나로 꼽힌다. 십 년도 채 안 되어 허물어지고 다시 새 건물이 들어서는 서울을 생각하면 절로 부러워진다. 한 가지 위안은 이 작은 나라, 작은 도시, 이름 없는 박물관에도 가장 오래된 한국의 금속 활자는 빠지지 않고 전시되고 특별히 다루어진다는 것이었다. 이제 와서 구텐베르크를 포기하기에는 그들의 자존심이 허락하지 않을테지만, 역사는 바뀌지 않는다.

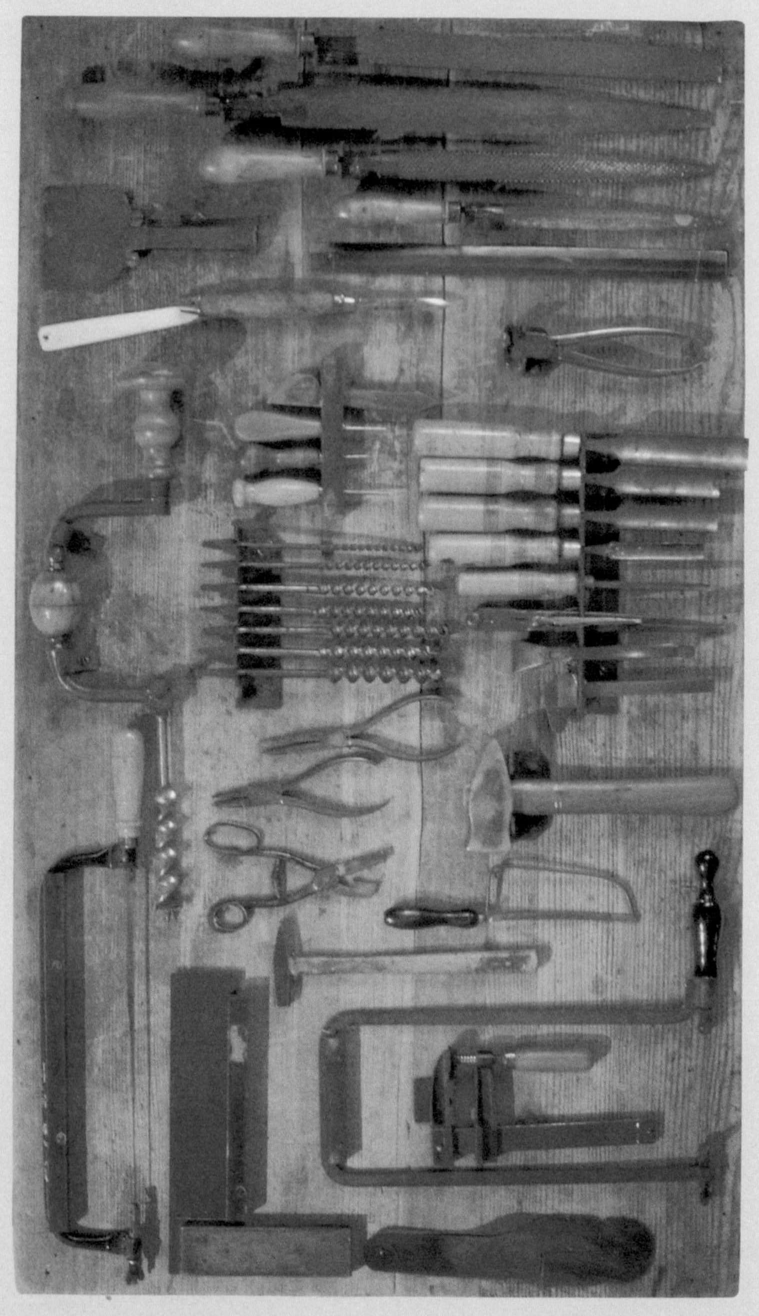

MASSAG
SIRIUS

ABRAXAS
No 79
Silbertinte
mit Metalleffekt
schütteln,
ABRAXAS LABORATORIUM BASEL

ABRAXAS
Altgold
Schreibtinte mit Metalleffekt
schütteln,
ABRAXAS LABORATORIUM BASEL

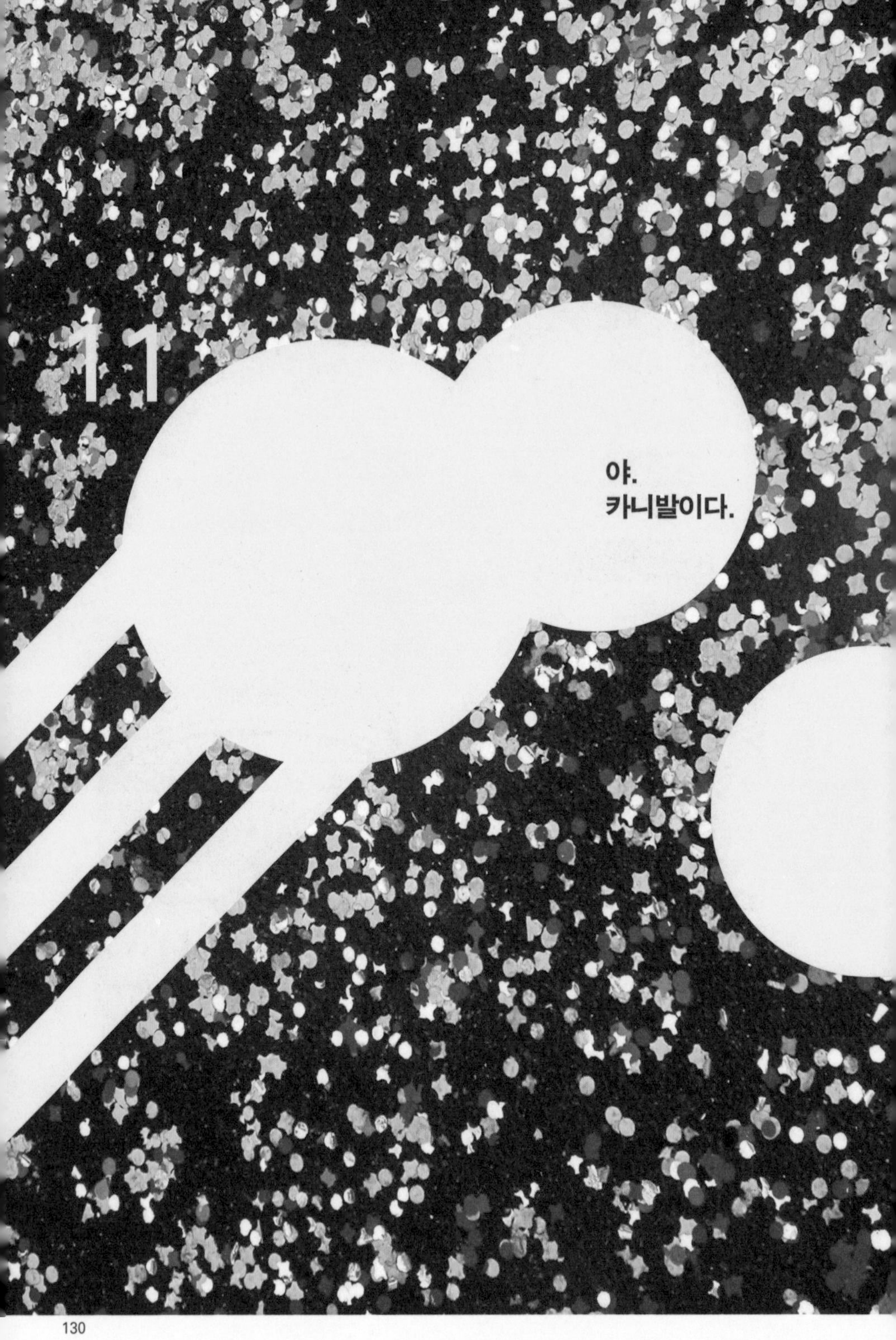
11
야.
카니발이다.

# Fasnacht

어느 날 저녁, 오가던 사람들은 사라지고, 어둑해진 거리에는 가로등이 불을 밝힌다. 시원한 저녁 공기를 마시며 골목길을 걷다보면 어디선가 은은한 피리 소리가 들려온다. 피리 소리는 어디서 들려오는 것일까, 이 골목인가 싶으면 다시 저 골목 사이로 소리는 울려 퍼진다. 바로 저 모퉁이를 돌면 피리부는 사나이와 마주칠 것 같은, 이 도시의 밤은 그렇게 깊어간다.

일년 365일 언제나 그렇지만, 봄이 시작될 즈음 열리는 카니발, 파스나흐트 Fasnacht가 다가올 무렵엔 골목골목마다 피리 소리와 북 소리가 들려온다. 주말 저녁, 사람들은 삼삼오오 모여 카니발을 위해 연주 연습을 하고, 맥주를 마시며 가장 행렬을 위한 준비를 한다.

새벽 3시, 깜빡 잠이 들었다가, 요란하게 울리는 벨소리에 잠이 깼다. 새벽 4시에 시작하는 카니발을 보러 가기 위해 친구들이 왔다. 거리는 이미 사람들로 발디딜 틈도 없고, 사람들은 모두들 어디론가 향하거나, 두근두근하며 저마다 상기된 표정으로 정각 4시가 되길 기다리고 있다. 광장의 시계 바늘이 달깍 소리를 내며 4시를 가리키자 온 도시의 불이 마치 정전이라도 된 듯 동시에 꺼져버렸고, 왁자지껄 떠들던 사람들은 순식간에 조용해지며, 이제 무슨 일이 벌어질까 궁금해하며 숨을 죽인다. 고요한 어둠의 저 멀리에서 나즈막히 피리와 북소리가 울려퍼지기 시작했다. 바젤의 수많은 길드와 클럽들은 그동안 갈고 닦아온 자신들의 연주 실력을 뽐내며 지난 한 해 동안의 특별한 일들에 대한 멋진 그림이 그려진 거대한 크기의 등불을 끌고 이 새벽의 거리를 순례하기 시작했다. 깜깜한 어둠의 도시는 수많은 울긋불긋한 등불들로 가득 채워졌다.

등불들을 따라, 경쾌한 음악 소리를 따라 골목골목 흥분하여 돌아다녔다. 때로는 어둠 속에서 친구와 헤어지고 또 다시 만나고, 거리 곳곳의 식당에서는 한무리의 연주 행렬이 시끌벅적 분위기를 돋우고, 우리는 카니발의 특별한 음식, 따뜻한 양파 스프를 먹고 밝아오는 새벽 거리를 걸어 집으로 돌아왔다.

FASNACHT 03
BARBARA CLUB 1902 STAMM

카니발이 시작되었다.
앞으로 72시간 동안 이 도시는 일년 중 최고의 시간을 맞이할 것이다. 시작을 알리는 새벽의 행사는 끝이 났지만, 이제 삼일 동안은 피리 소리에 묻혀 잠이 들 것이고, 북 소리를 들으며 잠을 깰 것이다. 수많은 무리들은 저마다 독특하거나 기괴한, 또는 귀여운 모습으로 분장하고 온 도시를 누비며 퍼레이드를 벌이며 연주를 한다. 때로는 우르르 술집에 들어가 목을 축이고 또 때로는 상점 안에 우르르 들어가 연주를 하고, 밤이나 낮이나 잠도 안 자고 피곤한 줄도 모르고 돌아다닌다.

낮에 벌어지는 긴 무리의 퍼레이드를 보려고 길가에 서 있으면, 온갖 종류의 특이한 분장을 하고 각기 다른 음악을 연주하는 행렬들이 던져주는 오렌지나 사탕을 받게 될지도 모르며, 익살스럽게도 사탕 대신 던진 색종이 조각들을 머리 위에 흠뻑 뒤집어 쓸지도 모른다. 어떤 구경꾼은 한바구니나 되는 작은 색종이 조각들을 온몸 가득 뒤집어 쓰고 즐거워하고 있고, 또 아이들은 행렬들을 뒤따라가며 사탕을 받기에 여념이 없다.

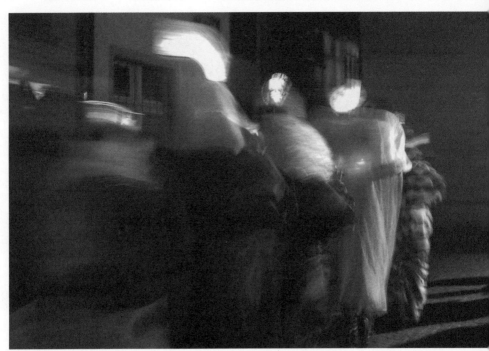

스위스를 떠난 지 몇 달이 지난 후에 겨울 옷을 꺼내 입었다. 주머니에 손을 넣어보니, 작은 색종이 조각들이 아직도 남아 있다. 파스나흐트가 있었던 그때, 내가 스위스에 있었던 그때 그 시간에 함께 존재했던 작은 조각들을 보며, 꿈 속에서 들리던 피리 소리를 기억해본다. 오늘밤 거리의 골목길에 나가보면, 그 나즈막한 피리 소리가 들릴 것 같다.

Milch

Condiso

# 알프스 소년

# 알프스 소년

# 12

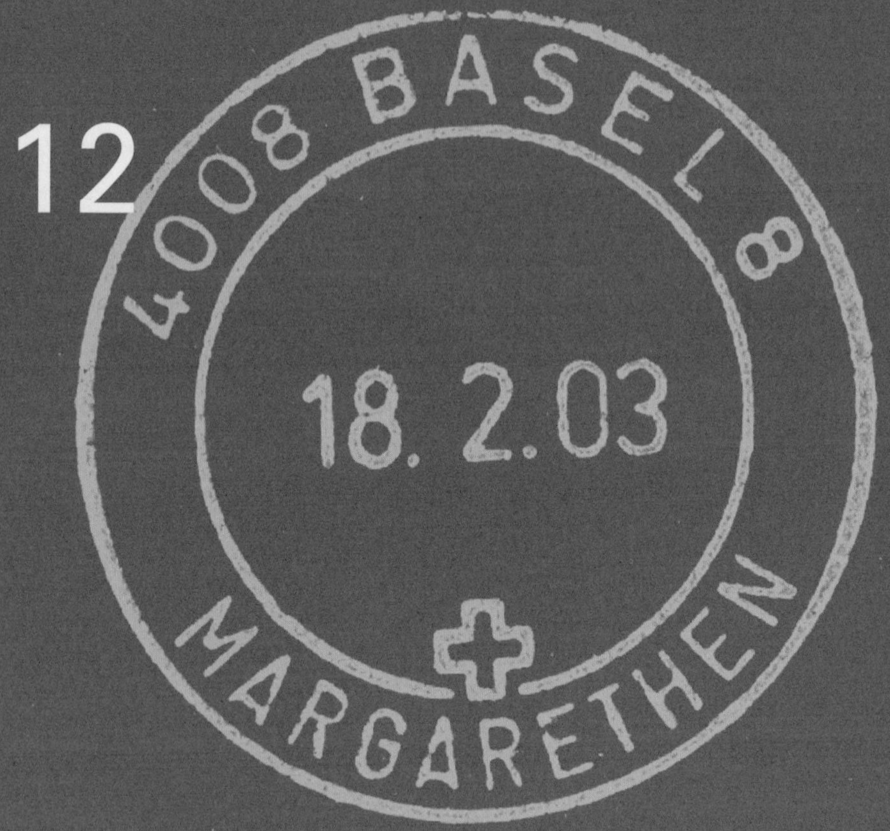

# another Interlaken

## 또 다른 인터라켄

스위스 하면 알프스 산이 떠오르고 알프스 하면 인터라켄이다. 스위스로 여행을 갈 때 절대 빼놓지 않고 가는 인터라켄은 수도인 베른이나 최대의 도시인 취리히보다도 더 우리 나라 사람에게 잘 알려진 도시이다. 사실 인터라켄이라는 도시보다는 바로 그곳에 있는 알프스의 산, 융프라우요흐 때문이겠지만, 어쨌든 우리 나라 사람들이 가장 많이 가는, 호수 사이에 있다고 해서 인터라켄이라 이름 붙여진 이곳에 간다면 당연히 그 높은 산 위로 올라가 한여름에도 녹지 않는 눈을 밟아봐야 할것이다. 하지만 인터라켄에는 산과 눈 이외에도 또 다른 무엇인가가 있다.

디자인을 하며 유니버스 Univers나 푸루티거 Frutiger 같은 글자들을 매일 같이 쓰고 있으면서도 정작 그 글자들을 누가 만들었는지 어떻게 태어났는지 등에 대해서는 별로 관심이 없었다. 나중에야 비로소 푸루티거가 사람 이름이며, 유니버스나 다른 유명한 글자들을 만들었다는 사실을 알았을 땐 그 아름다운 것들의 주인에 대해 궁금해졌고, 유럽 여행을 하면서 파리 지하철에서 그가 만든 사인 시스템들을 다시 만났을 땐 오래도록 그 가치가 남아 있는 작품을 만든 그가 한없이 부러워졌었다. 아마도 그렇게 그에 대한 관심이 커지게 된 것도 내가 스위스란 나라까지 오게된 이유 중 하나일 듯싶다.

**아드리안 푸루티거**
**Adrian Frutiger**
1928 - 현재
스위스의 인터라켄에서 태어나 취리히의 미술 학교에서 타이포그라피와 그래픽을 공부하였다. 졸업 후에는 프랑스로 건너가 타입 디자이너로서 일을 시작하였다. 메리디안 Meridien, 유니버스 Univers, 푸루티거 Frutiger, OCR-B와 같은 글자들을 디자인 하였고, 프랑스 파리의 드골 공항, 지하철 그리고 스위스 우체국 등의 사인 시스템을 개발한 20세기 최고의 타입 디자이너이다.

인터라켄은 바로 그 아드리안 푸루티거 Adrian Frutiger가 태어난 도시이다. 푸루티거는 대부분 파리에서 활동을 했고, 인생의 노년기를 베른의 어느 곳인가에서 보내고 있다고 하니 이 도시가 그와 어떤 큰 의미를 갖는 장소는 아닐 것이다.
하지만, 내가 다녔던 바젤 디자인 학교를 설명할 때 푸루티거의 유니버스 서체를 빼놓을 수 없는 것처럼 나에게 인터라켄은 푸루티거의 도시였고, 산의 풍광을 보는 것 외에 또 다른 무언가가 있다고 느끼게 했다.

매일매일의 일상 속에서 우체국을 갈 때마다 그곳을 장식한 글자들과 로고타입들을 보며 나는 아드리안 푸루티거를 상상했다. 그리고 유니버스와 같은 길이길이 오래도록 남을 작품을 만들 꿈을 꾸었다.

ABCDEFGHIJKLMNOPQR
STUVWXYZabcdefghijklm
nopqrstuvwxyz123456789
0,.()?!;:@%&#

유니버스 Univers

FRAMA
Leerungen
DIE POST

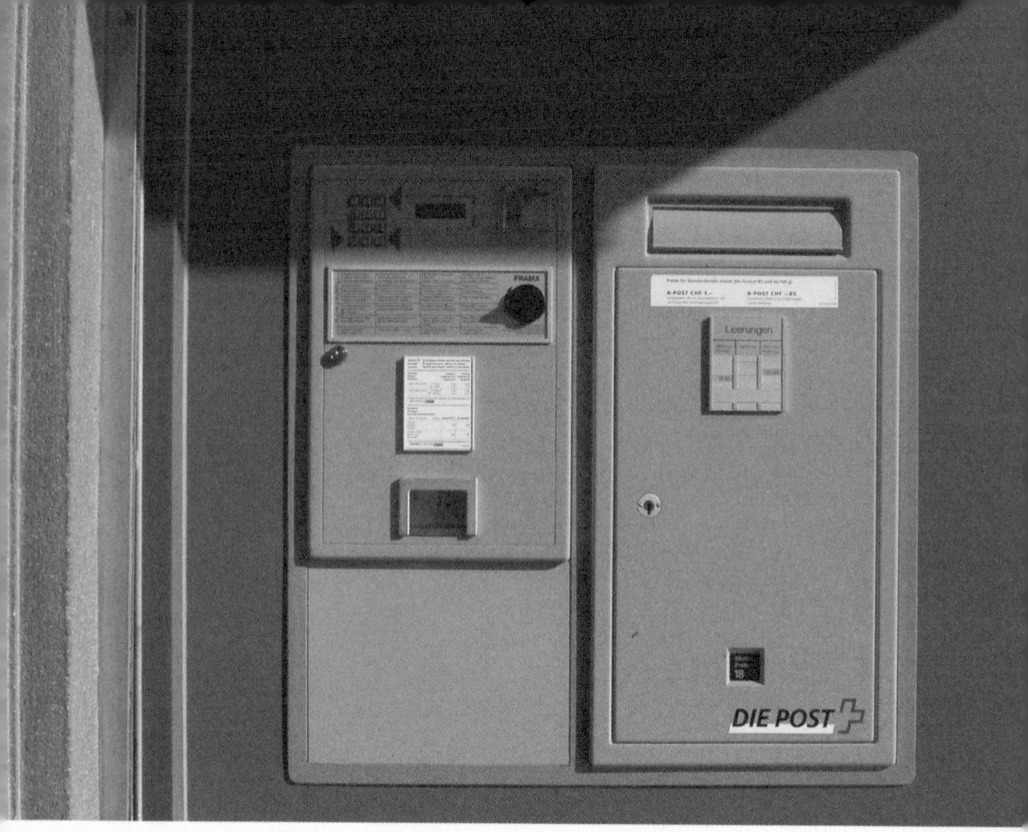

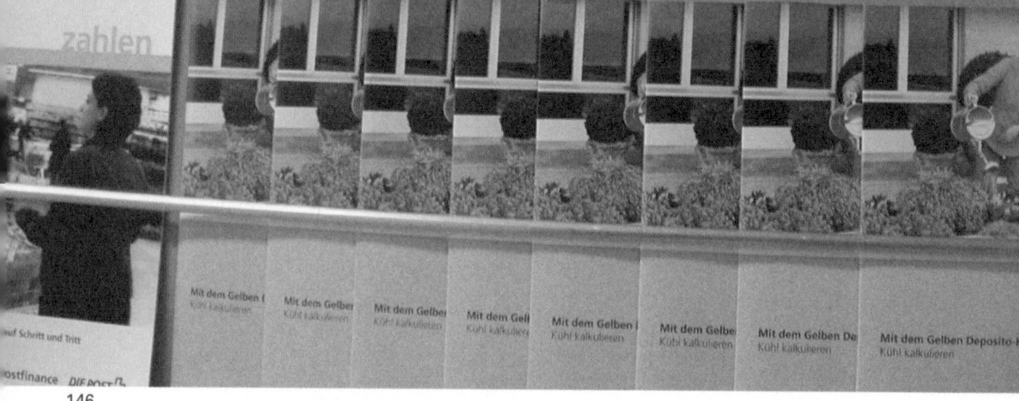

Fragen Sie uns – wir zeigen Ihnen wie!
DIE POST LA POSTE LA POSTA
zahlen
Kühl kalkulieren

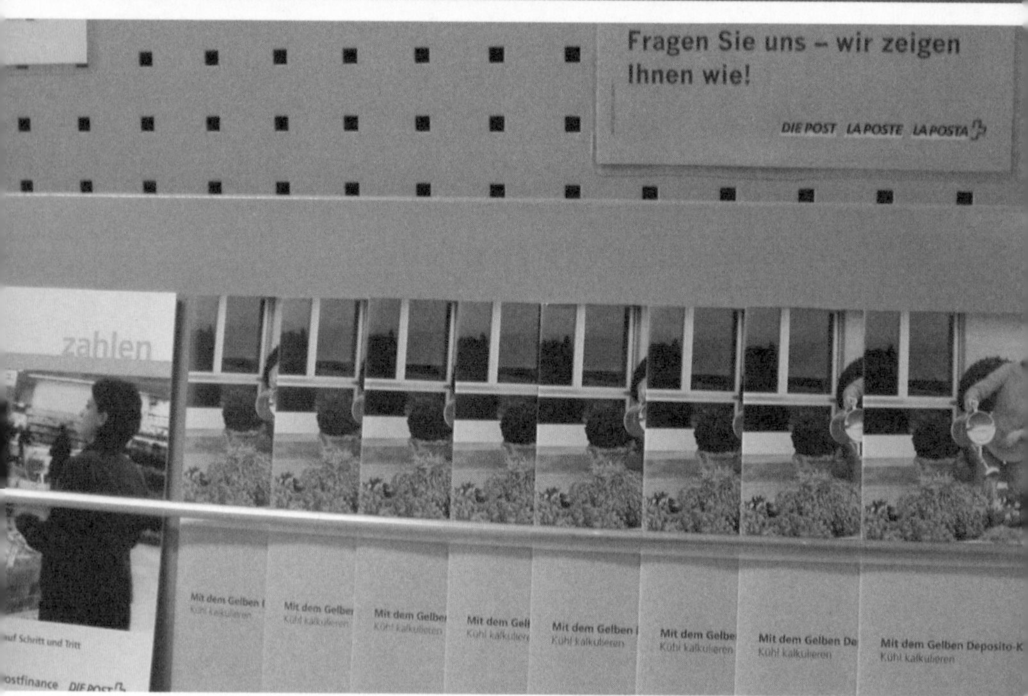

DIE POST

Vorsorgen
Die Gelben Lebensversicherungen
PostFinance
Entdecken und erleben.
Die Schweizer Museen erwarten Sie.
DIE POST
I Love You
BalloMail –
die fliegende Überraschung per Post.
Hier bestellen.
DIE POST
Klick...
DIE POST
Kodak

Die schönste Feldpost heisst
Swiss Army Pack

BalloMail –
die fliegende Überrasch

Hier bestellen.

Einkaufen in der Post.
**Im PostShop natürlich.** DIE POST

Die Post bringt's.

DIE POST

Verpacken und Adressieren
Und Ihre Sendung kommt prompt an

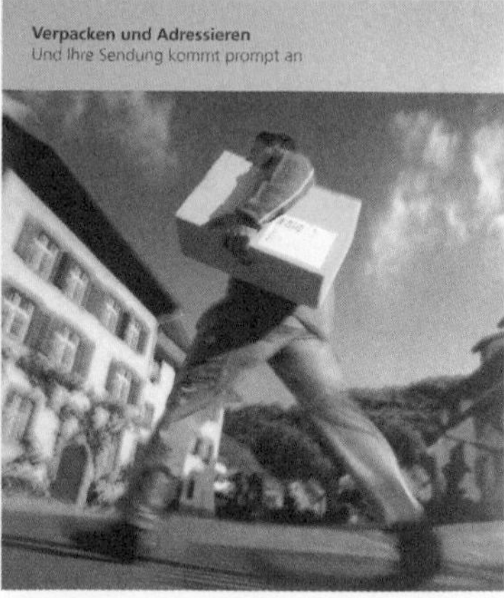

PaketPost
DIE POST

DIE POST
LA POSTE
LA POSTA
Abgabenfre
Exempt de re
Esente da trib
319.14 (151 185) SPI

Swiss-
Express

스위스 우체국 Die Post의
사인 시스템

FHBB
Fachhochschule beider Basel
Nordwestschweiz
Hochschule für Gestaltung
und Kunst Basel HGK
Vogelsangstrasse 15 CH-4021 Basel
29.11.01
Gegen Armut
in der Schweiz
Winterhilfe
MUSTERMESSE
301317 /00005979
000.90
A
STANDARD
DIE POST
Unbekannt
Inconnu
Sconosciuto
Nachforschung in
4000 BASEL
18-7.02-21
BRIEFZENTRUM

13

# Snow of Rigi

# 리기 산의 눈

**1/2 Abo**

**Kontrollmarke**
nur im Zug/Bus/Schiff gültig in dem sich der Inhaber des Gruppenbillettes befindet

**Contremarque**
valable seulement pour le train/bus/bateau dans lequel se trouve le porteur du billet de groupe

**Contromarca**
vale solo per il treno/bus/battello in cui si trova il portatore del biglietto per gruppi

**2. Kl/Cl**
G62288

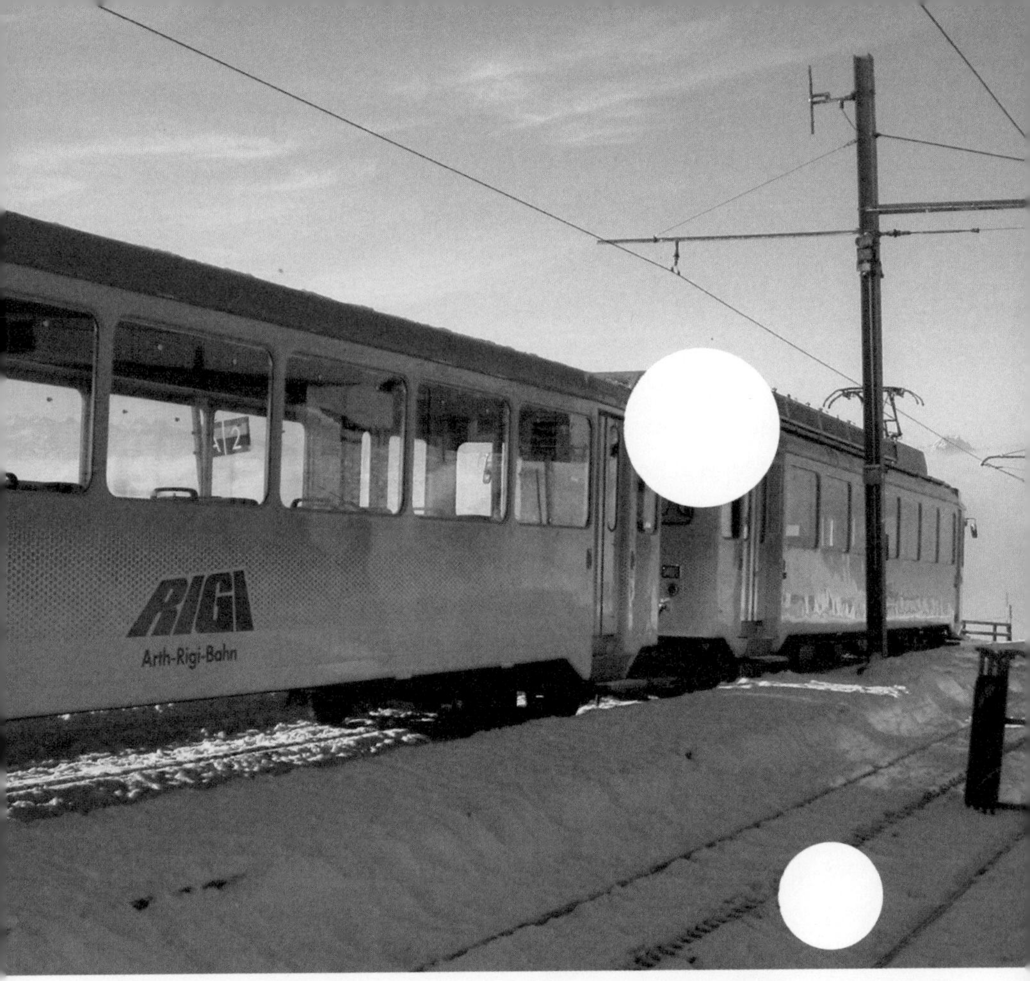

RIGI BAHNEN
E
Im Sportgebiet
Schlittel Nachmittag
11.01.2003
CHF 22.00
EUR 15.45

4 Skilifte mit präparierten Skipisten
Panorama-Langlaufloipe
12 Hotels und Restaurants
Rigi-Winterfreude
Herzlichen Dank für Ihren Besuch!
Auf bald!
RIGI

해마다 겨울이면 열리는 워크숍에서는 자매 결연을 맺고 있는 미국의 어느 디자인 대학의 학생들이 2주 정도의 시간 동안 머물며 여러 가지 다양한 작업들과 스위스 경험을 하게 된다. 워크숍 외의 다른 시간엔 주변의 볼만한 미술관과 건축물을 방문하기도 하고, 하루이틀은 알프스의 산에 놀러가기도 하는데, 그 겨울에는 루체른에서 배를 타고 조금만 가면 되는 리기 산으로 여행을 가게 되었다.

스위스 학생들은 각자 바쁘게 할 일들이 있겠지만, 별다른 일 없이 학교와 집만 왔다갔다 하는 외국의 유학생들은 당연히 이번 산행에 동참했다. 별다른 기대 없이 뒤따라 가기는 했는데, 막상 루체른에 도착하여 배를 타고 리기 산의 아랫마을에 도착하니 가슴이 설레였다. 높은 산으로 올라가는 계단처럼 생긴 기차는 눈 내리는 흐린 구름 사이로 천천히 올라가고, 나무들은 이미 쌓인 두꺼운 눈으로 하얀 나무가 되어 있다.
언제나 그렇듯이 구름 위의 정상은 밝은 햇살이 비추고 있어서 천지가 온통 하얀 눈이지만, 날은 매우 따뜻했다. 어떻게 지었는지 모르겠지만, 정상에 자리잡고 있는 꽤 큰 호텔에 짐을 풀고 점심을 먹은 후엔 스노우보드를 타거나 썰매를 타러 나갔다.
동화책에서 보던 그런 나무로 만든 썰매를 타고 구불구불한 길을 따라 눈이 산처럼 쌓인 언덕을 지나고, 하얗게 변해 크리스마스 트리 같은 나무들을 보고, 때로는 푹신한 눈이 쌓인 언덕으로 굴러 떨어지기도 하며 한참이나 밑까지 내려가 다시 기차를 타고 올라온다. 난생 처음 타보는 썰매의 재미에 푹 빠져서 시간가는 줄도 모르고, 눈밭에서 뒹굴며 잠시나마 어린아이처럼 기뻐했다.

썰매를 타는 재미도 재미지만, 타고 내려가는 동안 보이는 눈 덮인 산의 경치는 정말 글로 표현하기 힘들 정도이다. 문득 정신을 차리고 보니 하늘에선 육안으로 쉽게 보일만큼 큰 눈의 결정들이 내리고, 사락사락 떨어지는 눈의 결정들을 보며 예전엔 미처 알지 못하던 자연을 체험했다. 과학책에서나 보던 눈의 결정들이 나의 어깨에 사뿐히 내려앉고, 친구들의 속눈썹 위에 내려앉는 광경을 보는 것은 정말 감동적인 경험이었다. 나의 옷들은 하얗게 얼어 딱딱해졌고, 온통 눈투성이지만, 나의 몸은 그 열기로 따뜻했다. 지쳤지만 즐거운 마음으로 산꼭대기의 조용한 밤을 보내고 푹신푹신한 침대 속에서 즐거운 꿈을 꾸었다.

새벽 일찍 어렴풋한 빛을 느끼며 깨어보니, 창 밖의 풍경은 눈물이 주르륵 흐를만큼 황홀했다. 옅은 푸른빛부터 붉은빛이 층을 이룬 하늘엔 아직 밝게 빛나는 별들이 반짝거리며 빛나고, 나는 아직 아무도 깨어나지 않은 호텔을 나와 해가 뜨는 광경을 보러 언덕 위로 올라갔다. 일출을 보러 나온 서너 명의 친구들과 아직 잠이 덜깬 모습으로 하지만 흥분에 들뜬 아침 인사를 교환하고, 몸을 웅크리고 세찬 바람을 맞으며 해가 뜨길 기다렸다. 주위는 온통 하얀 산과 구름들로 가득하고 나는 내가 그 시간의 그 장소에 존재할 수 있다는 것에 감사하며 어느 순간 밝은 빛을 발하며 떠오르는 태양을 바라보았다.
아무도 말을 하지 않고 그냥 지켜보기만 했다. 자연은 거기 아직 그대로 있고, 언제까지나 그렇게 있을 것이다. 리기 산은 나의 스위스에서의 삶에서 최고의 기억을 남겨주었고, 그곳에서 본 눈과 나무와 산은 언제까지나 나에게 그리움의 대상이 될 것 같다.

STEILER WEG 170 M
ZUM GIPFEL
AU SOMMET
TO THE TOP
BEQUEMER WEG
ZUM GIPFEL 270 M
AU SOMMET
TO THE TOP.
KULM

14

# Sunny over the cloud

## 구름 위는 맑음

Überschreiten der Gleise verboten
Défense de traverser les voies
Vietato traversare i binari
Do not cross the railway lines

Schilthorn
Piz Gloria
2973 m
Station Mürren

추운 겨울, 하늘은 어둡고 금방이라도 비가 올 듯한 날이었다.
출발하기 전 바젤의 아침은 그럭저럭 약간 흐린 날씨였으나, 인터라켄의 기차역에 도착하니 길은 젖어 있고, 기분 나쁘게 음습하며 공기는 냉기로 가득 차 있었다.
기차역에 설치되어 있는 모니터로 융프라우요흐나 쉴트호른 근처 산 정상의 날씨를 볼 수 있었지만, 작은 모니터로 봐서는 구름이 가득 낀 것인지 눈이 오는 것인지 알아볼 수가 없었다. 잠시 동안 산으로 가는 기차를 탈까 고민하다가 이왕 이른 새벽부터 준비하여 세 시간 달려 도착한 곳이니 한 번 모험을 해보기로 했다. 구름이 가득하다면, 아마 바로 눈앞의 것도 보이지 않을 테지만, 피부에 와닿는 차가운 구름의 물방울들이 시원할 것이고, 저 앞에 대자연이 펼쳐져 있다고 상상하는 것도 그리 나쁘진 않을 것 같았기 때문이다.

몇 칸 안되는 작은 기차는 천천히 구불구불한 계곡을 올라갔다. 언제쯤 끝에 닿을까 생각할 때쯤 기차는 막다른 곳에 다다랐고, 계단처럼 생긴 특이한 모양의 기차로 갈아타고 또 다른 높은 산을 올라갔다. 아랫마을은 멀어지고 기차는 산속으로 구름을 지나 또 다른 세계에 다다랐다.
길고 두터운 구름층을 통과하고 나자 어느 순간, 세상은 눈부시게 밝고 맑아졌다. 어두운 먹구름 위로는 다른 높은 산들이 있고 마을이 있고 그 위엔 또 다른 구름층이 있다. 어두운 아랫마을이 내뿜은 침울한 기운에 빠져 있던 승객들도 또 다른 밝은 세상의 사람들이 되었다. 우리는 바쁘게 또 다른 작은 기차로 갈아타고 멋진 계곡 사이로 경쾌하게 달려갔다.
파란 하늘과 저 앞에 보이는 작은 마을들, 눈앞에 펼쳐진 하얀 산들, 알프스에 다 왔구나 싶지만, 기차는 내려줄 생각도 하지 않고 자꾸만 자꾸만 달려갔다. 이윽고 장난감 같은 집들이 오밀조밀 모여 있고, 새하얗고 부드러운 눈이 소복히 쌓여 있는 작은 마을에 당도하여 아름다운 눈길을 걸었다.

높고 높은 산, 길고 긴 여정이지만, 끝까지 가는 길은 지루하지 않았다. 자연은 너무 황홀하여 차마 그냥 지나치기가 쉽지 않았고, 이제 긴 여정의 끝이 눈앞에 있었다. 산꼭대기까지 이어진 케이블카를 타고, 눈이 부시게 펼쳐진 눈의 바다를 헤엄쳐갔다.

케이블카 안에는 겨울 스포츠를 즐기러 가는 사람들로 가득했다. 다양한 크기의 스키와 스노우보드를 짊어지고 모두 흥분하여 저마다 들떠 있었다. 옷차림따위엔 신경쓰지 않은듯, 그냥 집에서 입던 겨울옷들을 주섬주섬 껴입고, 할머니부터 작은 아이들까지 눈밭을 뒹굴기 위해 산으로 향하고 있었다. 그리고 창문 밖 저 아래에선 몇몇의 사람들이 가족끼리 혹은 친구끼리 푹신하게 쌓인 눈 위로 씽씽 내려가고 있었다.

쉴트호른의 정상에서 보이는 장엄한 알프스의 산들은 할 말을 잃게 만들었다. 집 앞에 대자연을 가진 그들이 부러웠고, 눈밭 위를 뒹굴어보지 못한 것이 아쉬웠다. 그러나 새파란 하늘과 맑고 차가운 공기를 느낀 것으로 만족하며 구름 위에서 생각에 잠겼다.

# 도시와 거리의 어느 풍경

# 도시와 거리의 어느 풍경

Schweizer Pass
Passeport suisse
Passaporto svizzero
Passaport svizzer
Swiss passport

15

# Beautiful **trash** bag

## 아름다운 쓰레기 봉투

세상에서 가장 아름다운 여권에
세상에서 가장 아름다운 비자를 받아
세상에서 가장 아름다운 비행기를 타고
스위스에 도착한다.

멋진 로고타입을 가진 은행들 중 한 곳에서
세상에서 가장 아름다운 지폐를 찾아 나의 지갑 속을 채운다.

약간은 굳어 있는 분위기의 관공서에서
멋진 신분증을 받고,
가끔은 성가신 내용도 들어 있지만,
디자인은 멋진 편지지를,
아름다운 우표가 붙여지고 아름다운 우체국 소인이 찍힌,
아름다운 문양의 패턴이 그려진 봉투로 배달받는다.

도시를 상징하는 멋진 문양은
길을 걷거나 전차를 탈 때 언제 어디서나 보이고,
정돈된 도시의 표지판들은 걸음을 즐겁게 한다.

버리기 아까운 그림이 그려진 전화카드로
멋진 공중 전화 박스에서 전화를 하고,
세상에서 가장 아름다운 쓰레기 봉투에 쓰레기를 버린다.

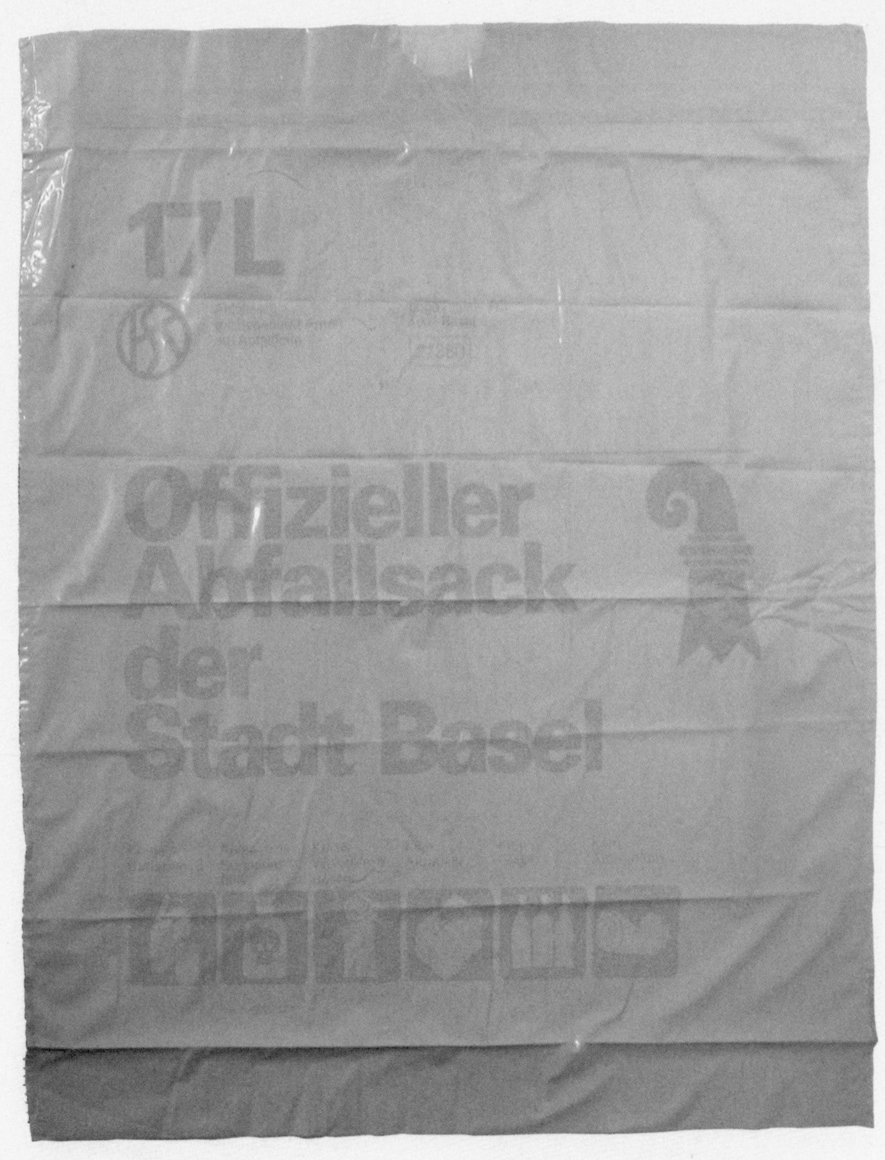


스위스 칸톤 바젤시의
쓰레기 봉투

세상에서 가장 아름다운 나라에서 아름다운 것들과 함께 한 아름다운 삶처럼 보이지만, 그런 건 꿈에서나 있는 일이고 실제로는 스위스의 여권을 가져본 적도 없고 앞으로도 그럴 일은 없을 것이다.
지금 생각해 보면 스위스에서의 삶은 실망과 고난의 연속이었던 것 같다.
하지만 그런 삶을 그럭저럭 재밌고 즐겁게 계속 할 수 있었던 것은 좋은 디자인 속에서 삶을 영위했기 때문이었다.

벌써 몇년 동안이나 내 머리 속의 큰 부분을 차지하고 있었던 스위스.
바젤이란 곳에 가기 위한 경비며 어학 등의 준비 때문에 꽤 오랜 시간과 에너지가 소모되었지만, 막상 거의 모든 준비가 끝나 합격 통지서를 받고 비행기표까지 준비되었는데도 시련은 끝나지 않았다.
아름다운 나라엔 아름다운 청년만 갈 수 있는 것인지, 입국 비자는 한참이나 애간장을 졸이고 오랫동안 골치를 아프게 한 후에야 겨우 내 손에 들어왔다.
오랜 기다림 끝에 받은 스위스의 비자는 비록 나의 속을 썩이긴 했지만, 받아 들고보니 그런 모든 과정을 다 잊게 할 정도로 아름다웠다.

오랜 시간 동안의 디자인에 대한 관심과 연구의 결과인지, 전통적인 사고 방식 때문인지 그 이유는 알 수 없지만, 비자, 여권, 화폐 등을 비롯한 스위스의 공공 디자인들은 다른 나라에 비교하여 남달리 뛰어나다.

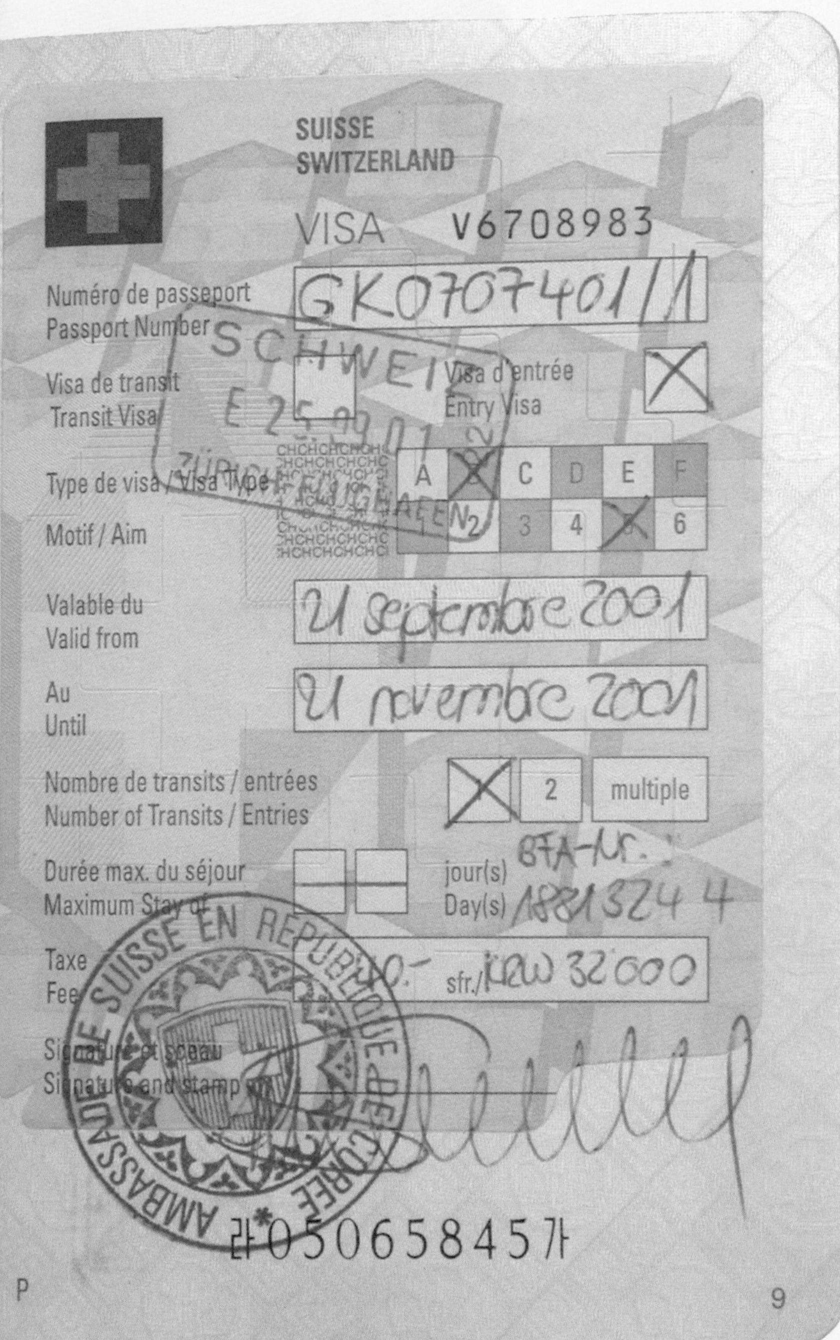

SUISSE
SWITZERLAND

VISA V6708983

Numéro de passeport
Passport Number GK0707401/1

Visa de transit
Transit Visa

Visa d'entrée
Entry Visa X

Type de visa / Visa Type A B C D E F

Motif / Aim 1 2 3 4 5 6

Valable du
Valid from 21 septembre 2001

Au
Until 21 novembre 2001

Nombre de transits / entrées
Number of Transits / Entries 1 2 multiple

Durée max. du séjour
Maximum Stay of jour(s) Day(s)

BFA-Nr.: 1881324 4

Taxe
Fee 0.- sfr./KRW 32'000

Signature et sceau
Signature and stamp

SCHWEIZ
E 25.09.01
ZÜRICH FLUGHAFEN

AMBASSADE DE SUISSE EN REPUBLIQUE DE COREE

라05065845가

P 9

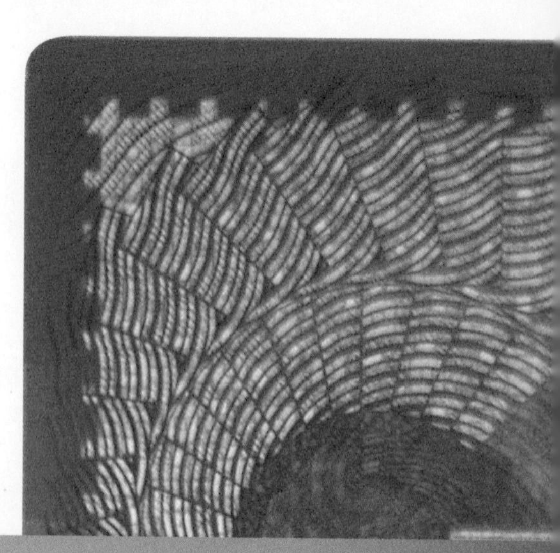

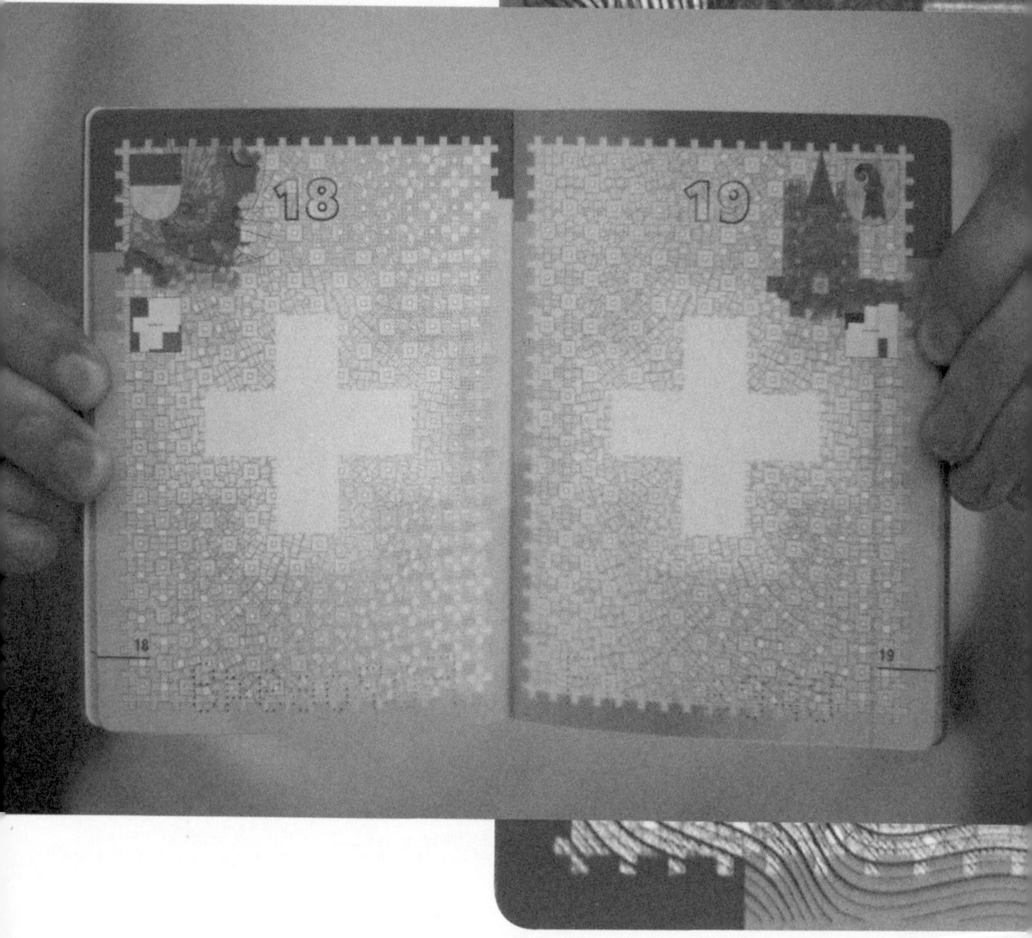

2001년, 스위스의 새 여권의 디자인이 발표되었을 때, 나는 이 나라의 디자인 수준에 너무나 놀랐다. 이러한 파격적인 디자인이 한 국가의 여권에 채택되었다는 사실 앞에서 경이감마저 느꼈다. 실제로 스위스인들의 반응도 대단해서 이 여권이 발급되기 시작한 때에는 여권을 새로 갱신하려는 사람들이 긴 줄을 서기도 했다. 이제 미국이란 나라의 보안 강화로 인해 아름다운 이 여권은 태어난지 얼마 되지 않아 새로운 것으로 교체되겠지만, 이 여권이 내게 남긴 충격은 한참이나 남아있을 것이다.

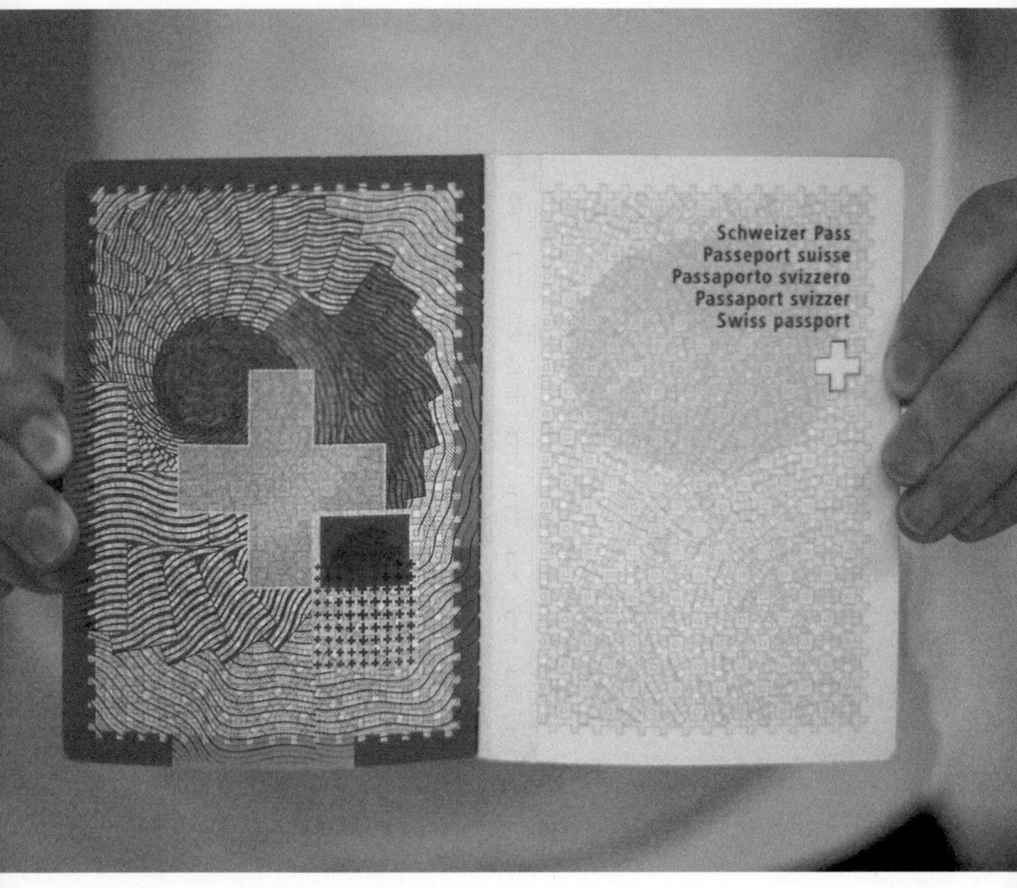

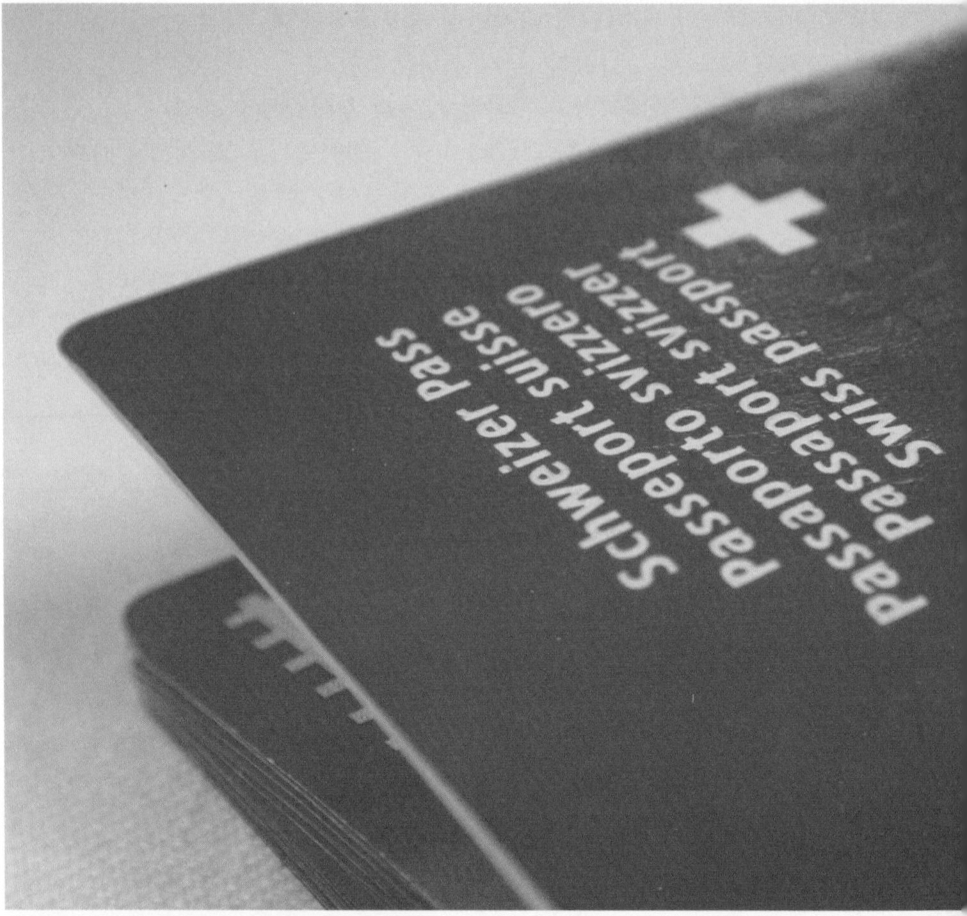

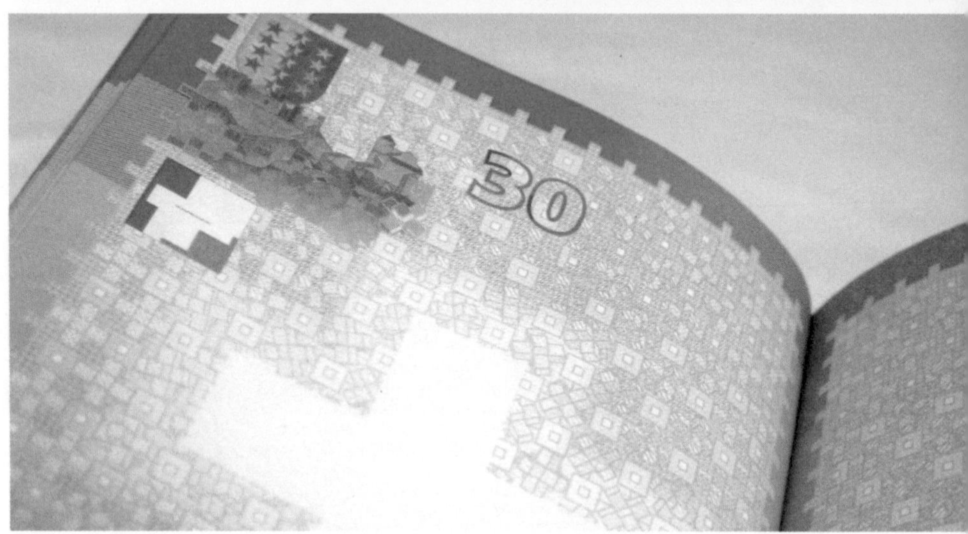
30

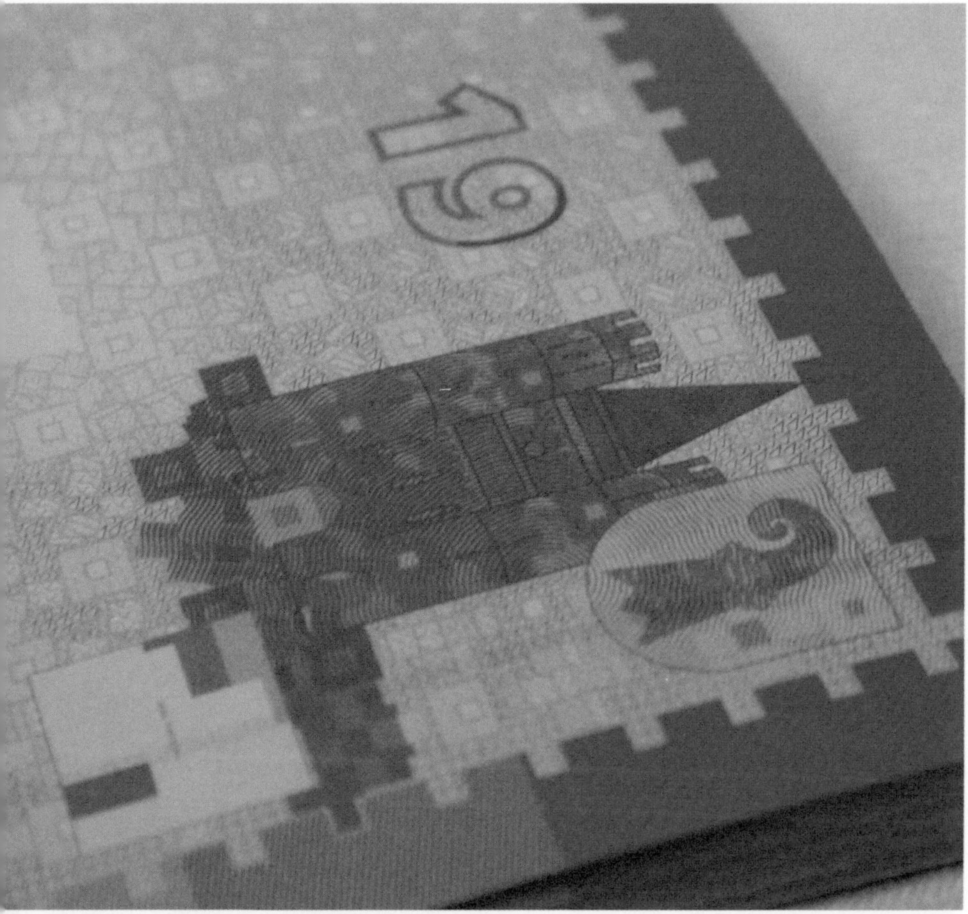

21

스위스만큼 국가 이미지를 강하게 표현하며 그것을 효율적으로 이용하는 나라는 많지 않을것이다. 생산되는 제품에 'Swiss Made'라고 인쇄하거나 빨간 바탕색 위에 하얀색의 십자가가 놓여진 모양의 작은 스위스 국기를 새겨넣는 것만으로도 사람들은 그 제품의 가치와 신뢰도를 높게 평가하고 있다. Swiss Made가 가진 힘은, 물론 제품 생산이나 관광 산업 등에서 오랜 시간 동안 노력을 기울인 결과이겠지만, 또 한편으로는 어떠한 하나의 요소를 가지고 국가 전체의 이미지를 통합하려는 노력 덕분이기도 하다.

실제로 빨간색 표지의 여권부터 시작하여 눈을 돌리는 곳이면 어디에서나 빨간색이 아른거리고 주위엔 온통 십자가들이다. 스위스의 건국 기념일인 8월 1일 즈음엔 빨간병에 하얀 십자가가 찍힌 와인부터 손톱만한 크기의 국기들까지 온 나라가 빨간색 투성이다.

디자인이 단지 산업에만 맞물려 돌아가는 것에는 왠지 모를 거부감이 들지만, 또 한편으로는 그것이 인간을 즐겁게 해줄 만한 좋은 디자인들이라면 어떨까 생각해본다.

어떤 영화에서 본 적이 있다. 스위스 장교로 나오는 여주인공에게 정말 스위스 군인 맞아요?라고 묻자 그녀는 아무말 없이 은색 바탕에 빨간 스위스 국기가 새겨진 스위스 칼 Swiss Army Knife을 보여준다.

누군가는 스위스인들이란 옛날에는 알프스에서 산적질이나 하던 족속들이라고 말하기도 한다. 하늘이 내려준 천혜의 자연 환경 덕분에 먹고 살아가는 지도 모르고, 중립국이란 위치로 어떻게 생각하면 박쥐처럼 치사하게 풍요로운 행복을 누리는 지도 모르겠다.

같은 유럽인들도, 때론 그들 자신도 스스로를 뭔가 이상하다고 말하지만 우리는 기꺼이 빨간색 바탕에 가슴엔 하얀 십자가가 새겨진 티셔츠를 입는다. 스위스의 빨간색 국기에서부터 바젤의 쓰레기 봉투까지 그들의 삶 속의 디자인, 과연 쉬운 일이었을까…

1.August
Becher
12 Stück
2.95
1.August
Lichterkette
für Innen und Aussen
24.90

15.95
VIN SUISSE
VINO SVIZZERA
SWISS WINE

16

# 8

# **Ronchamp,** Le Corbusier and Swiss **banknote**

롱샹
르 코르뷔지에
스위스 화폐

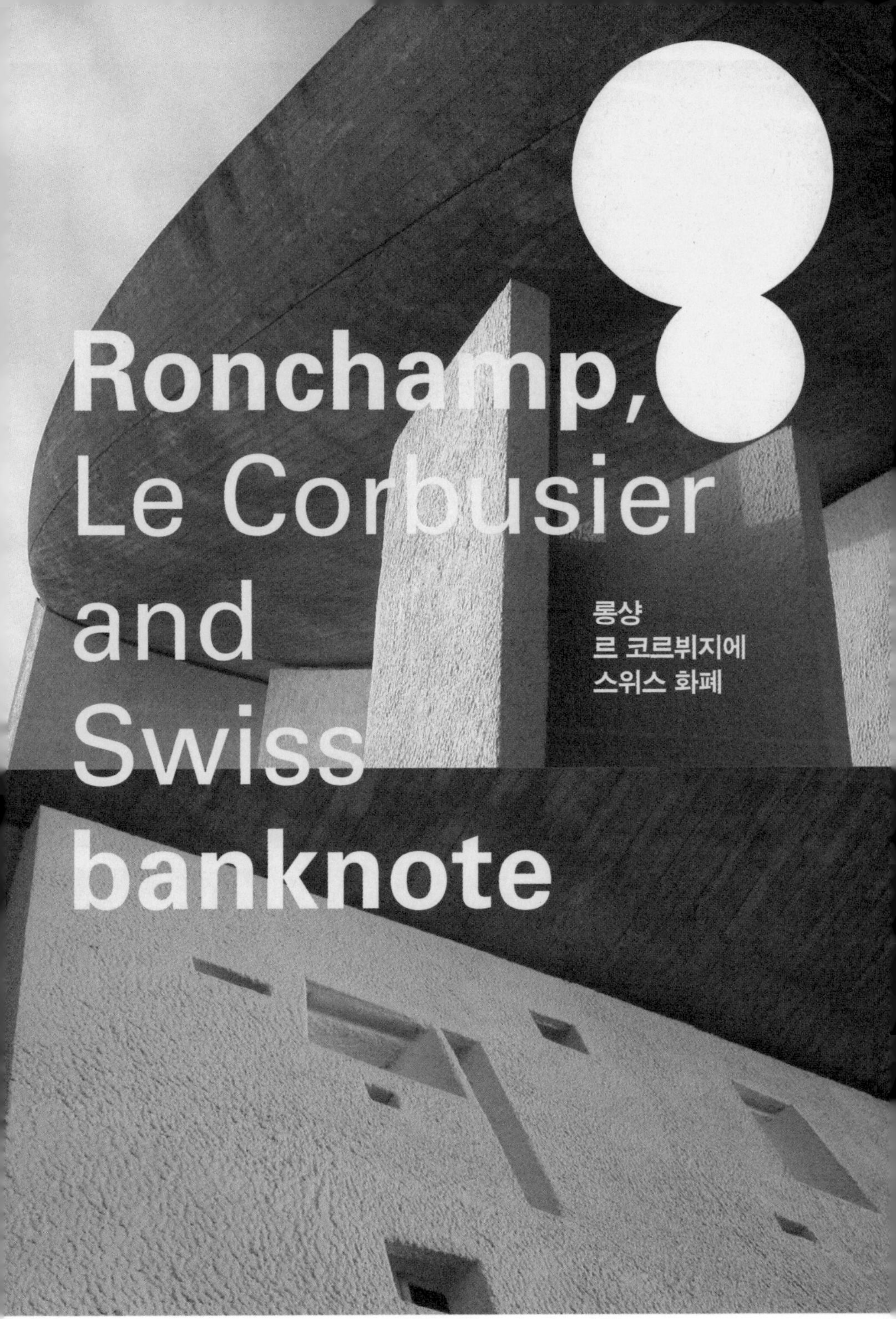

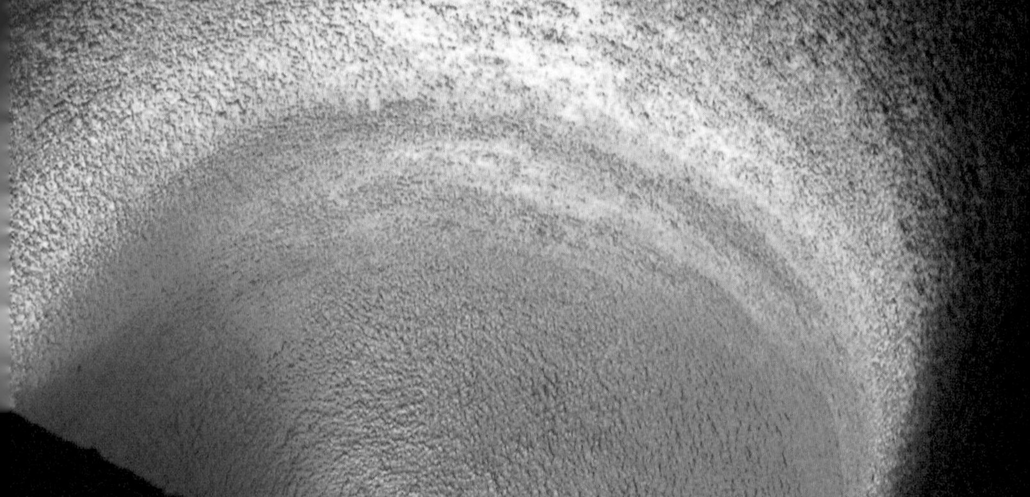

marie

생떽쥐베리와 그의 소설 속 주인공 '어린 왕자'를 채택한 유로 통합 전 프랑스 화폐가 준 충격에는 미칠 수 없을지 모르겠으나 세계적인 건축가 르 꼬르뷔지에 Le Corbusier나 조각가 알베르토 쟈코메티 Alberto Giacometti가 그려진 화려한 색상의 스위스 화폐는 스위스 공공 디자인의 수준을 확실하게 보여준다. 이 지역의 토착어인 로마니쉬어를 포함하여 독일어, 프랑스어, 이태리어, 네 가지나 되는 문자를 사용해야 하는 단점을 장점으로 바꾸어 화폐 속의 글자들을 그림들과 더불어 정교하게 배열하고 디자인하였다.

**알베르토 자코메티**
**Alberto Giacometti**
1901 - 1966
스위스의 조각가이자 화가이다. 철사와 같이 가느다랗게 만들어진 조각상들로 유명한 그는 초현실주의 그룹의 일원이기도 하였으며, 조각의 현대적이며 전위적인 방향을 모색하고 발전시켰다.

**르 꼬르뷔지에**
**Le Corbusier**
1887 - 1965
스위스에서 태어나 미술 학교를 거쳐 건축 사무소에서 일을 하였다. 1920년대에 그의 도시 계획과 건축물들은 전 세계 건축계에 지대한 영향을 미쳤으며 그의 모듈러 Modulor개념은 건축 뿐만 아니라 디자인, 예술 분야에 광범위하게 응용되었다.

HELVETIA
1995

5 FR.
1975

17

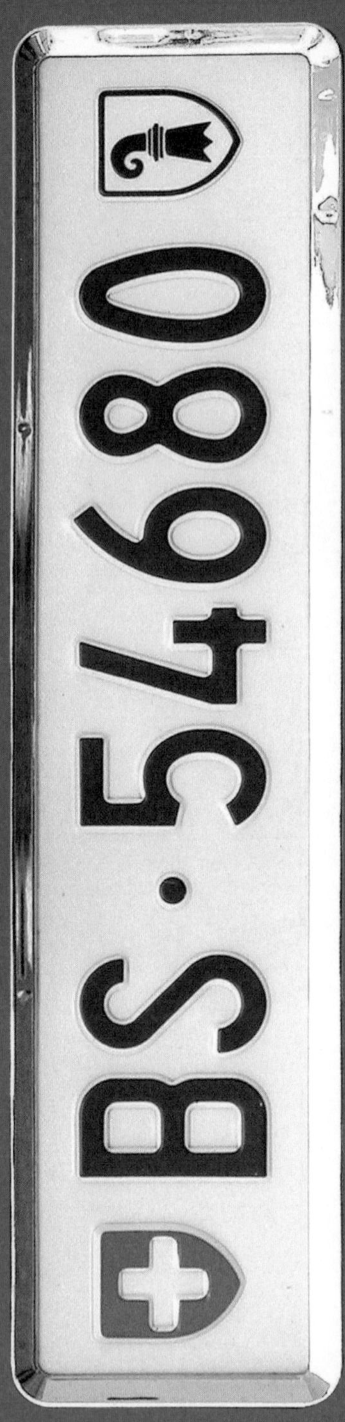

# Sign on the street

거리의 표지판

Spitalgasse

Zibelegässli

Marktgasse

Münstergasse

Amthausgasse

Theaterplatz

No 1+3

Ausfahrt
freihalten

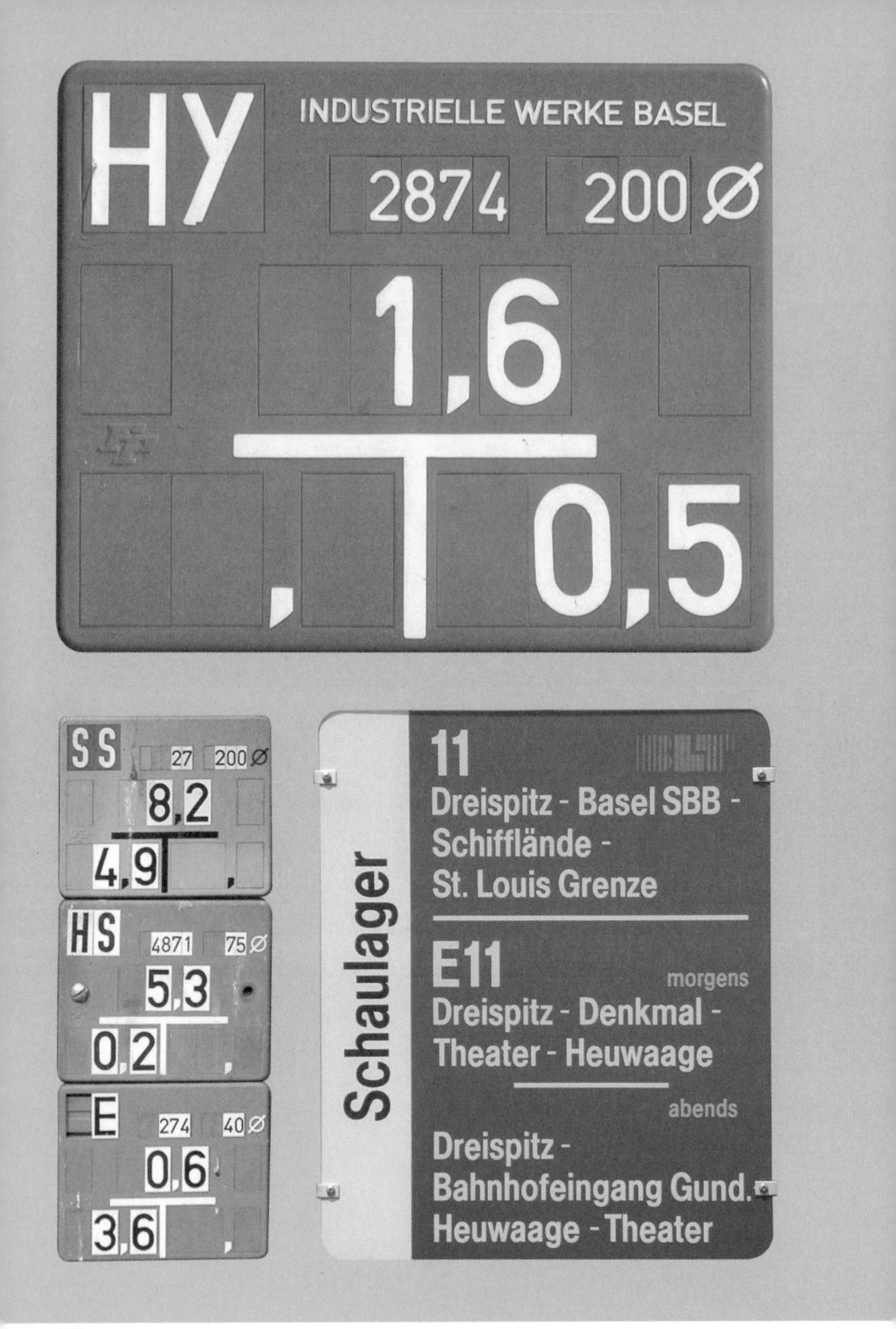

HY
INDUSTRIELLE WERKE BASEL
2874 200 Ø
1,6
0,5

Schaulager
11
Dreispitz - Basel SBB -
Schifflände -
St. Louis Grenze
E11
morgens
Dreispitz - Denkmal -
Theater - Heuwaage
abends
Dreispitz -
Bahnhofeingang Gund.
Heuwaage - Theater

Mo.-Fr. 11 00 - 19 00
Sa. 11 00 - 17 00
ausgenommen
Taxis

Mulhouse
Huningue
Binningen
Bhf. SBB
Allschwil
Lörrach
Bad. Bhf.
Rheinfelden
D
Riehen
Freiburg

Ende
Bikeroute

| | |
|---|---|
| Schwand | 1 Std. 20 Min. |
| Wand | 2 Std. 15 Min. |
| Walen | 2 Std. 50 Min. |
| Oberrickenbach | 4 Std. 30 Min. |

| | |
|---|---|
| Eienwäldli | 30 Min. |
| Vordrist Eien | 50 Min. |
| Hohfad | 2 Std. 10 Min. |
| Herrenrüti | 3 Std. 35 Min. |

| | |
|---|---|
| Unt. Flühmatt | 1 Std. 10 Min. |
| Brunni | 2 Std. 50 Min. |
| Buechli | 20 Min. |
| Rugghubel | 4 Std. 20 Min. |

| | |
|---|---|
| Bänklialp | 10 Min. |
| Trüebsee | 2 Std. 30 Min. |
| Jochpass | 4 Std. 10 Min. |
| Engstlenalp | 5 Std. |

| | |
|---|---|
| Buechli | 20 Min. |
| Hinterhorbis | 1 Std. 10 Min. |
| Ob. Zieblen | 2 Std. 40 Min. |
| Stäuber | 5 Std. 40 Min. |

| | |
|---|---|
| Arni Wang | 1 Std. 30 Min. |
| Juchlipass | 4 Std. 10 Min. |
| Melchtal | 6 Std. 40 Min. |
| Widderfeld | 4 Std. 50 Min. |

P

NE
92815
LU
979
SO
59037
BL
3252
BE · 5600
NW · 4005

OW
1128
MOTOS MÜLLER
6032 Emmen

# 칸톤과 스위스컴

# 18

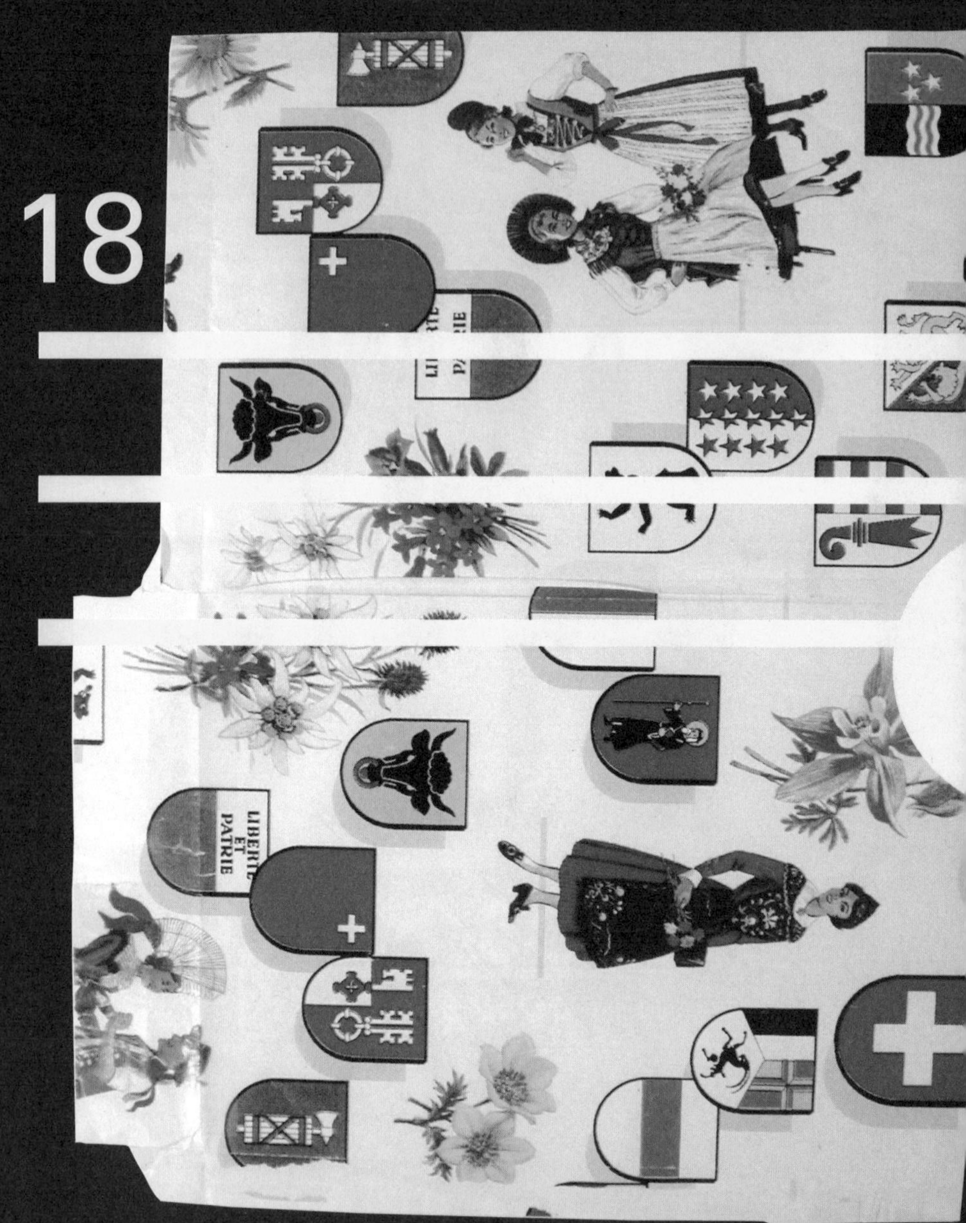

# Kanton **and** Swisscom

스위스는 칸톤이라고 불리는 미국의 주와 비슷한 개념의 행정 구역으로 나뉘어져 있고, 그 각각의 칸톤들은 독립적으로 분리되어 그 행정적 권한들을 발휘한다. 이들 칸톤은 지난 과거로부터 가져온 상징들을 자신의 상징물과 내부의 공공 디자인에 활용하고 있다.
바젤시 또한 매우 인상적인 심볼을 가지고 있다. 이 심볼은 도시 내부의 공공 디자인에 적용되고 있고, 공공 기관이 아닌 기업 등에서도 이 지방색이 뚜렷한 심볼을 자신들의 로고타입 등에 적극적으로 적용함으로써 바젤시 전체의 이미지와 색깔을 확실하게 하는 데 기여하고 있다.

frey
AG
POLICE

BVB

BV
Baslerstab

Wirtschafts- und Sozialdepartement des Kantons Basel-Stadt

Amt für Sozialbeiträge

Grenzacherstr. 62, Postfach, 4021 Basel
Telefon 061 / 267 86 65
Fax 061 / 267 86 44

## Obligatorische Krankenversicherung (KVG)

### Versicherungspflicht

Die Krankenversicherung (Grundversicherung KVG) ist obligatorisch. Versichern müssen sich:

- alle in der Schweiz wohnhaften Personen. Jedes Familienmitglied muss versichert sein
- ausländische Staatsangehörige mit Aufenthaltsbewilligungen von länger als 3 Monaten ausländische Staatsangehörige, die in der Schweiz für weniger als drei Monate arbeiten und nicht über einen gleichwertigen ausländischen Versicherungsschutz verfügen.

Wenn Sie sich neu in der Schweiz niederlassen, müssen Sie innert drei Monaten eine Krankenversicherung abschliessen. Diese Frist gilt auch für Neugeborene. Bei rechtzeitigem Abschluss der Krankenversicherung vergütet Ihnen diese rückwirkend seit Versicherungsbeginn allfällige Auslagen für versicherte Leistungen. Falls Sie die Frist von drei Monaten seit Ihrer Einreise oder der Geburt Ihres Kindes nicht einhalten, bezahlen Sie rückwirkend ab Zeitpunkt der Versicherungspflicht einen Prämienzuschlag und bereits entstandene Kosten werden nicht vergütet.

Für die Kontrolle der Einhaltung der Versicherungspflicht ist das Amt für Sozialbeiträge zuständig. Personen, welche der Versicherungspflicht nicht nachkommen, können einem Krankenversicherer zugewiesen werden.

### Ausnahmen von der Versicherungspflicht

Die Befreiung von der Versicherungspflicht ist im Bundesgesetz über die Krankenversicherung (KVG) und der entsprechenden Verordnung (KVV) geregelt. Die Ausnahmebestimmungen sind sehr restriktiv.

Von der Versicherungspflicht befreit sind beispielsweise:

- Personen, die nach ausländischem Recht gesetzlich krankenversichert sind, sofern der Einbezug in die schweizerische Versicherung für sie eine Doppelbelastung bedeuten würde und sie für Behandlungen in der Schweiz über einen gleichwertigen Versicherungsschutz verfügen (die genannten Voraussetzungen müssen kumulativ erfüllt sein).
- Personen, die sich im Rahmen eines internationalen Mobilitäts-, Vermittlungs- oder Austauschprogramms in der Schweiz aufhalten, sofern bestimmte weitere Voraussetzungen erfüllt sind.
- In die Schweiz entsandte Arbeitnehmerinnen und Arbeitnehmer, sofern bestimmte weitere Voraussetzungen erfüllt sind.

Für die Beurteilung von Befreiungsgesuchen ist im Kanton Basel-Stadt das Amt für Sozialbeiträge zuständig. Falls Sie Fragen betreffend Befreiung haben, erreichen Sie uns unter Tel. 267 86 69 von Montag bis Freitag, jeweils vormittags.

Postfach 4021 / 517

CH-4001 Basel

P.P.
4001 Basel

services

Telephone

SMS

E-Mail
cards

EUROCARD
MasterCard

Diners Club International

JCB
JCB CARDS
VISA
AMERICAN EXPRESS
Keine speziellen Kreditkarten-Zuschläge
Sans majoration pour les cartes de crédit
Nessun supplemento particolare per carte di credito
No specific credit card surcharges

Postcard
swisscom
Taxcard
CHF / €

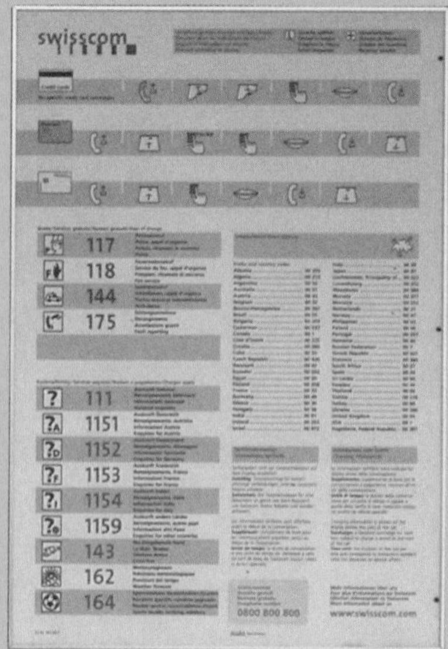


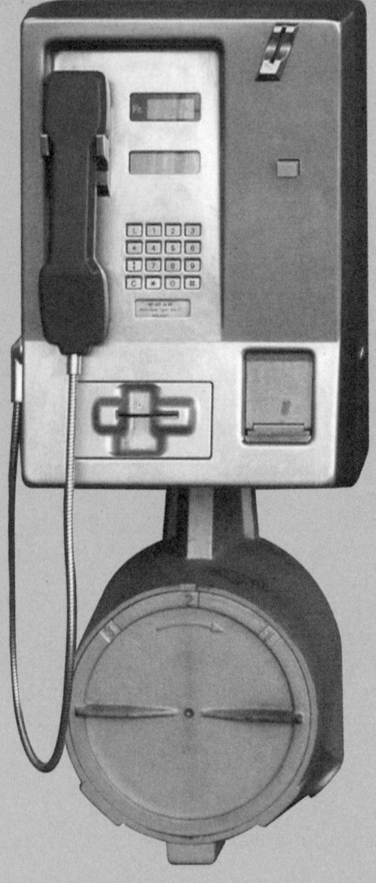

**Empfangsschein / Récépissé / Ricevuta**

**Swisscom Fixnet AG**
**Alte Tiefenaustrasse 6**
**CH-3050 Bern**

| | |
|---|---|
| Rufnummer | **061 681 76 92** |
| Rechnungsdatum | **16. Juli 2003** |
| Monat | **Juni 2003** |

Zahlbar rein netto innert 30 Tagen

CHF **01-27940-4**

87 . 45

**03 00872 53900 31972 00300 02109**

**Woo Hyuh Park**
**Dolderweg 2**
**4058 Basel**

Die Annahmestelle
L'office de dépôt
L'ufficio d'accettazione

20 CHF
Taxcard®
swisscom fixnet

10 CHF
swisscom
Taxcard®

# 19

## 요셉 뮐러 브로크만과 스위스 철도

# Josef Müller **Brockmann** and **SBB**

프랑스 사전에 불가능이란 단어가 없었는지 아니면 나폴레옹 자신의 사전에만 그런 말이 없었는지는 몰라도, 그토록 자신만만했던 그도 알프스의 높은 산 앞에선 한마디로 스타일 구긴 셈이 되었다. 그만큼 산도 높고, 계곡도 깊고, 호수도 많은 나라 스위스, 그 스위스 사전에야 말로 불가능은 없었는지 아니면 막강한 그 경제력 앞에 불가능은 없었던 것인지, 높은 산 중턱, 계곡 사이사이로 기차길을 아슬아슬하게 잘도 만들어 놓았다. 기차는 경사 높은 산으로 계단 올라가듯 차곡차곡 잘도 올라가고, 천길 낭떠러지 위를 칙칙폭폭 잘도 달린다.

기차는 가지 못하는 곳이 없고, 일분도 틀리지 않은 채 예정된 시간에 정확히 움직인다. 스위스 철도는 그렇게 오차 없는 출도착 시간으로 유명하지만, 그보다 더 나에게 감동을 준 것은 아름답게 디자인된 스위스 철도의 사인 시스템이다. 스위스 디자인하면 빼놓을 수 없는 디자이너, 요셉 뮐러 브로크만 Josef Müller Brockmann이 만든 이 사인 시스템은 작은 시골역에서도 예외 없이 볼 수 있다. 길고 긴 시간 동안 기차를 타고 여행을 할 때마다 만나게 되는 멋진 표지판들과 멋진 시간표, 기차표들은 스위스의 디자인에 대해 어떤 경이로움을 느끼게 해준다. 장난감 같은 기차들에 새겨 넣어진 이 빨강색의 스위스 철도 심볼과 여행을 하다가 새로운 도시의 역에 도착했을 때 나를 반기는 파란색의 이정표들은 스위스의 디자인이 가지는 일목 요연함과 질서 정연함, 그리고 그런 규격화된 양식 못지 않게 두드러지는 단순한 조형의 아름다움을 유감 없이 보여준다. 누군가 나에게 가장 인상 깊고 가장 아름다우며 가장 스위스다운 디자인을 고르라면, 아마도 망설임 없이 스위스 철도의 사인 시스템을 선택할 것이다.

**요셉 뮐러 브로크만**
**Josef Müller Brockmann**
1914 - 1996
취리히를 중심으로 활동한 스위스 스타일을 주도했던 디자이너. 강렬한 시각적 이미지와 타이포그라피를 가지고 효과적이며 명확하게 정보를 전달하는 특징을 가진 많은 포스터 작품들과 「그리드 시스템」, 「커뮤니케이션의 역사」 등 많은 저서를 남겼으며 그의 저서들은 스위스의 디자인이 세계적으로 퍼져나가는 데 큰 영향을 끼쳤다.

스위스 철도의 로고타입
Visual information system of
Swiss railways
1978

SBB CFF FFS
Städtefahrplan
14.12.03–11.12.04


Basel

Verkehrshaus der Schweiz
Lidostrasse 5
6006 Luzern
www.verkehrshaus.ch

verkehrshaus.ch

ALLES WAS BEWEGT!
MUSEUM IMAX® HIFLYER PLANETARIUM

## Genève-Aéroport ◎

**via Langnau-Bern, umsteigen in Bern**

Luzern – Genève-Aéroport

Hinfahrt

| | ab | an |
|---|---|---|
| © 92 | 527 | FA 939 ✕ |
| Ⓐ | 554 | FA 939 ✕ |
| IR | 657 | FA 1039 ✕ |
| IR | 857 | FA 1239 ✕ |
| IR | 1057 | FA 1439 ✕ |
| IR | 1257 | FA 1639 ✕ |
| IR | 1457 | FA 1839 ✕ |
| IR | 1657 | FA 2039 ✕ |
| IR | 1857 | FA 2239 (✕) |

Genève-Aéroport – Luzern

Rückfahrt

| | ab | an |
|---|---|---|
| IC | FA 721 ✕ | 1103 |
| IC | FA 921 ✕ | 1303 |
| IC | FA 1121 ✕ | 1503 |
| IC | FA 1321 ✕ | 1703 |
| IC | FA 1521 ✕ | 1903 |
| IC | FA 1721 ✕ | 2103 |
| IC | FA 1921 (✕) | 2303 |

**via Olten-Biel, umsteigen in Olten**

Hinfahrt

| | ab | an |
|---|---|---|
| 58 | 441 | FA 839 ✕ |
| | 525 | 925 ✕ |
| | 654 | 1025 ✕ |
| | 754 | 1125 ✕ |
| | 854 | 1225 ✕ |
| | 954 | 1325 ✕ |
| | 1054 | 1425 ✕ |
| | 1154 | 1525 ✕ |
| | 1254 🍷 | 1625 ✕ |
| | 1354 | 1725 ✕ |
| | 1454 | 1825 ✕ |
| | 1554 | 1925 ✕ |
| | 1654 | 2025 ✕ |
| | 1754 | 2125 ✕ |
| 99 | 1854 🍷 | FA 2239 (✕) |
| 99 | 1954 | FA 2339 (✕) |

Rückfahrt

| | ab | an |
|---|---|---|
| IR 62 | 634 ✕ | 1005 |
| IR 62 | 739 ✕ | 1105 |
| ICN | 835 ✕ | 1205 |
| ICN | 935 ✕ | 1305 |
| ICN | 1035 ✕ | 1405 |
| ICN | 1135 ✕ | 1505 🍷 |
| ICN | 1235 ✕ | 1605 |
| ICN | 1335 | 1705 |
| ICN | 1435 ✕ | 1805 |
| ICN | 1535 ✕ | 1905 |
| ICN | 1635 ✕ | 2005 |
| ICN | 1735 ✕ | 2105 |
| ICN | 1835 ✕ | 2205 |
| ICN | 1935 ✕ | 2305 |
| ICN | 2035 ✕ | 005 |
| IC 58 | FA 2121 (✕) | 040 |

**Weitere Verbindungen siehe Kursbuch**
Zeichenerklärung und Hinweise siehe Seiten 5 bis 8

22

## Interlaken Ost ◎

**via Brünig**

Luzern – Interlaken Ost

Hinfahrt

| | ab | an |
|---|---|---|
| | 634 | 829 |
| 65 | 734 ✕ | 930 ✕ |
| | 834 | 1030 |
| 65 | 934 ✕ | 1129 ✕ |
| | 1034 | 1230 |
| | 1134 | 1329 |
| 65 | 1234 ✕ | 1429 ✕ |
| | 1334 | 1529 |
| 65 | 1434 ✕ | 1630 ✕ |
| | 1534 | 1729 |
| | 1634 | 1834 |
| 65 | 1734 ✕ | 1931 ✕ |
| | 1834 | 2030 |
| 65 | 1934 | 2130 |
| 18 69 | 2110 | 2324 |

Interlaken Ost – Luzern

Rückfahrt

| | ab | an |
|---|---|---|
| 65 | 710 | 924 |
| | 830 | 1024 |
| | 930 | 1124 |
| 65 | 1030 ✕ | 1224 ✕ |
| | 1130 | 1324 |
| 65 | 1230 ✕ | 1424 ✕ |
| | 1330 | 1524 |
| | 1430 | 1624 |
| 65 | 1530 ✕ | 1724 ✕ |
| 19 | 1552 | 1758 |
| | 1630 | 1824 |
| 65 | 1730 ✕ | 1924 ✕ |
| | 1835 | 2049 |
| 84 | 1935 | 2145 |

## Lausanne ◎

**via Langnau-Bern**

Luzern – Lausanne

Hinfahrt

| | ab | an |
|---|---|---|
| © 92 | 527 | FA 854 ✕ |
| IR Ⓐ | 554 | 834 |
| IR | 657 | 934 |
| IR | 857 | 1134 |
| IR | 1057 | 1334 |
| IR | 1257 | 1534 |
| IR | 1457 | 1734 |
| IR | 1657 | 1934 |
| IR | 1857 | 2134 |
| IR | 2057 | 2334 |
| Ⓐ 92 | 2133 | 037 |

Lausanne – Luzern

Rückfahrt

| | ab | an |
|---|---|---|
| IR | 626 | 903 |
| IR | 826 | 1103 |
| IR | 1026 | 1303 |
| IR | 1226 | 1503 |
| IR | 1426 | 1703 |
| IR | 1626 | 1903 |
| IR | 1826 | 2103 |
| IR | 2026 | 2303 |

**Weitere Verbindungen siehe Kursbuch**
Zeichenerklärung und Hinweise siehe Seiten 5 bis 8

23

SBB CFF FFS
1/2
Das Halbtax von
Woo Hyuk Park
25.08.1973
*MobilBonus

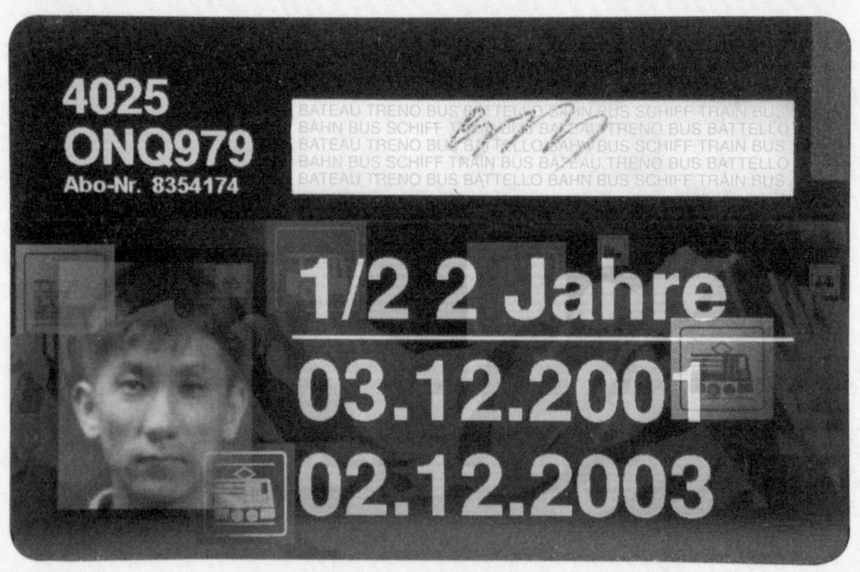
4025
ONQ979
Abo-Nr. 8354174
BATEAU TRENO BUS BATTELLO BAHN BUS SCHIFF TRAIN BUS
BAHN BUS SCHIFF TRAIN BUS BATEAU TRENO BUS BATTELLO
BATEAU TRENO BUS BATTELLO BAHN BUS SCHIFF TRAIN BUS
BAHN BUS SCHIFF TRAIN BUS BATEAU TRENO BUS BATTELLO
BATEAU TRENO BUS BATTELLO BAHN BUS SCHIFF TRAIN BUS
1/2 2 Jahre
03.12.2001
02.12.2003

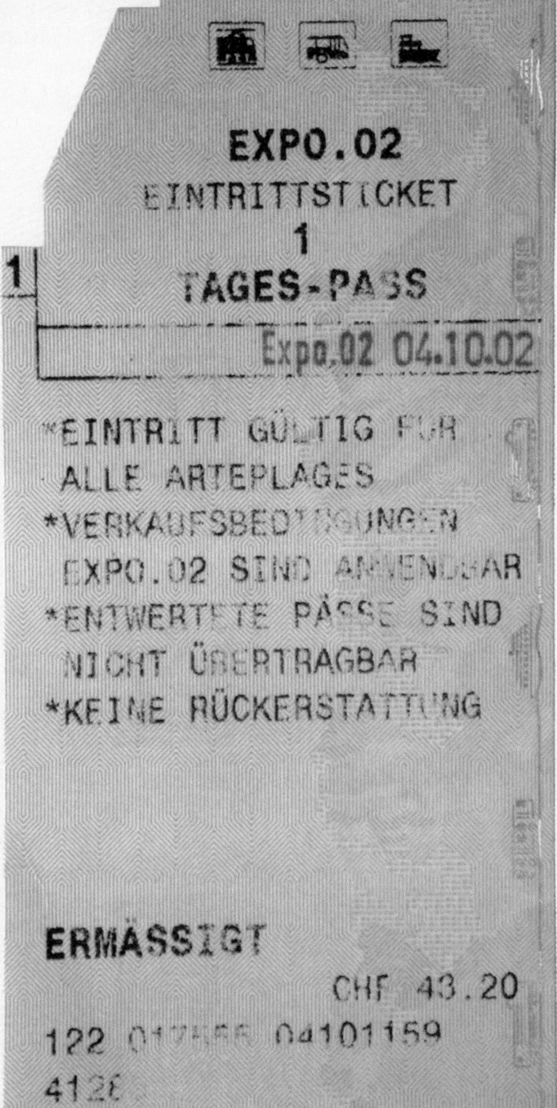
EXPO.02
EINTRITTSTICKET
1
TAGES-PASS
Expo.02 04.10.02
*EINTRITT GÜLTIG FÜR
ALLE ARTEPLAGES
*VERKAUFSBEDINGUNGEN
EXPO.02 SIND ANWENDBAR
*ENTWERTETE PÄSSE SIND
NICHT ÜBERTRAGBAR
*KEINE RÜCKERSTATTUNG
ERMÄSSIGT
CHF 43.20
122 0417566 04101159

# Départ

Abfahrt-Partenza-Departure

## Gare de Delémont

10 juin 2001 – 15 juin 2002

### 4 00

| | | | | Voie |
|---|---|---|---|---|
| Ⓐ | 452 | Bus | Moutier, gare | |
| | 456 | S3 | Basel SBB | 3 |
| Ⓐ | 523 | Bus | Moutier, gare | |
| ✕ | 536 | Bus | Moutier, gare | |
| | 540 | S3 | Basel SBB | 3 |

### 6 00

| | | | | Voie |
|---|---|---|---|---|
| Ⓐ | 600 | Bus | Moutier, gare | |
| | **602** | IR | **Moutier–Grenchen Nord–Biel/Bienne–Neuchâtel Genève-Aéroport ✈** | 1 |
| Ⓐ | 603 | | Porrentruy–Boncourt | 4 |
| Ⓒ | 605 | | Porrentruy–Boncourt | 4 |
| | 606 | | Sonceboz–Biel/Bienne | 5 |
| | 609 | S3 | Basel SBB | 2 |
| Ⓐ | **634** | REX | **Moutier–Grenchen Nord–Biel/Bienne** 🚲 | 1 |

### 7 00

| | | | | Voie |
|---|---|---|---|---|
| Ⓐ | 701 | | Porrentruy–Boncourt | 2 |
| | **701** | IR | **Laufen–Basel SBB** | 3 |
| | 703 | Bus | Moutier, gare | |
| | **703** | IR | **Moutier–Grenchen Nord–Biel/Bienne–Neuchâtel–Genève-Aéroport ✈ ✖** | 1 |
| Ⓒ | 705 | | Porrentruy–Boncourt | 2 |
| | 720 | | Porrentruy 🚲 **Sans arrêt jusqu'à Glovelier** Ⓐ du 11 juin–6 juil. 20 août–5 oct. 22 oct–21 déc. 7 jan–8 fév. 18 fév–22 mars, 8 avr–14 juin | 2 |
| Ⓐ | **734** | REX | **Moutier–Grenchen Nord–Biel/Bienne** 🚲 | 1 |

### 8 00

| | | | Voie |
|---|---|---|---|
| **801** | IR | **Laufen–Basel SBB** | 3 |
| 803 | Bus | Moutier, gare | |
| **803** | IR | **Moutier–Grenchen Nord–Biel/Bienne–Neuchâtel–Genève-Aéroport ✈** | 1 |
| 805 | | Porrentruy–Boncourt | 2 |

### 9 00

| | | | Voie |
|---|---|---|---|
| **901** | IR | **Laufen–Basel SBB** | 3 |
| 903 | Bus | Moutier, gare | |
| **903** | IR | **Moutier–Grenchen Nord–Biel/Bienne–Neuchâtel–Genève-Aéroport ✈** | 1 |
| 905 | | Porrentruy–Boncourt | 2 |

### 10 00

| | | | Voie |
|---|---|---|---|
| **1001** | IR | **Laufen–Basel SBB** | 3 |
| 1003 | Bus | Moutier, gare | |
| **1003** | IR | **Moutier–Grenchen Nord–Biel/Bienne–Neuchâtel–Genève-Aéroport ✈** | 1 |
| 1005 | | Porrentruy–Boncourt | 2 |

### 11 00

| | | | Voie |
|---|---|---|---|
| **1101** | IR | **Laufen–Basel SBB** | 3 |
| 1103 | Bus | Moutier, gare | |
| **1103** | IR | **Moutier–Grenchen Nord–Biel/Bienne–Neuchâtel–Genève-Aéroport ✈** | 1 |
| 1105 | | Porrentruy–Boncourt | 2 |

### 12 00

| | | | Voie |
|---|---|---|---|
| **1201** | IR | **Laufen–Basel SBB ✖** | 3 |
| 1203 | Bus | Moutier, gare | |
| **1203** | IR | **Moutier–Grenchen Nord–Biel/Bienne–Neuchâtel–Genève-Aéroport ✈** | 1 |
| 1205 | | Porrentruy–Boncourt | 2 |

### 13 00

| | | | Voie |
|---|---|---|---|
| **1301** | IR | **Laufen–Basel SBB** | 3 |
| 1303 | Bus | Moutier, gare | |
| **1303** | IR | **Moutier–Grenchen Nord–Biel/Bienne–Neuchâtel–Genève-Aéroport ✈** | 1 |
| 1305 | | Porrentruy–Boncourt | 2 |

### 14 00

| | | | Voie |
|---|---|---|---|
| **1401** | IR | **Laufen–Basel SBB** | 3 |
| 1403 | Bus | Moutier, gare | |
| **1403** | IR | **Moutier–Grenchen Nord–Biel/Bienne–Neuchâtel–Genève-Aéroport ✈** | 1 |
| 1405 | | Porrentruy–Boncourt | 2 |

### 15 00

| | | | Voie |
|---|---|---|---|
| **1501** | IR | **Laufen–Basel SBB** | 3 |
| 1503 | Bus | Moutier, gare | |
| **1503** | IR | **Moutier–Grenchen Nord–Biel/Bienne–Neuchâtel–Genève-Aéroport ✈ ✖** | 1 |
| 1505 | | Porrentruy–Boncourt | 2 |

### 16 00

| | | | Voie |
|---|---|---|---|
| **1601** | IR | **Laufen–Basel SBB** | 3 |
| 1603 | Bus | Moutier, gare | |
| **1603** | IR | **Moutier–Grenchen Nord–Biel/Bienne–Neuchâtel–Genève-Aéroport ✈** | 1 |
| 1605 | | Porrentruy–Boncourt | 2 |

### 17 00

| | | | | Voie |
|---|---|---|---|---|
| Ⓐ | **1701** | | **Porrentruy Sans arrêt** 🚲 | 2 |
| | **1701** | IR | **Laufen–Basel SBB** | 3 |
| | 1703 | Bus | Moutier, gare | |
| | **1703** | IR | **Moutier–Grenchen Nord–Biel/Bienne–Neuchâtel–Genève-Aéroport ✈** | 1 |
| | 1705 | | Porrentruy–Boncourt | Ⓐ 5 Ⓒ 2 |
| Ⓐ | 1728 | | Porrentruy 🚲 | 2 |

### 18 00

| | | | | Voie |
|---|---|---|---|---|
| | **1801** | IR | **Laufen–Basel SBB** | 3 |
| | 1803 | Bus | Moutier, gare | |
| | **1803** | IR | **Moutier–Grenchen Nord–Biel/Bienne–Neuchâtel–Genève-Aéroport ✈** | 1 |
| | 1805 | | Porrentruy–Boncourt | Ⓐ 5 Ⓒ 2 |
| Ⓐ | 1828 | | Porrentruy 🚲 | 2 |

### 19 00

| | | | Voie |
|---|---|---|---|
| **1901** | IR | **Laufen–Basel SBB** | 3 |
| 1903 | Bus | Moutier, gare | |
| **1903** | IR | **Moutier–Grenchen Nord–Biel/Bienne–Neuchâtel–Genève-Aéroport ✈** | 1 |
| 1905 | | Porrentruy–Boncourt | 2 |

### 20 00

| | | | Voie |
|---|---|---|---|
| **2001** | IR | **Laufen–Basel SBB ✖** | 3 |
| 2003 | Bus | Moutier, gare | |
| **2003** | IR | **Moutier–Grenchen Nord–Biel/Bienne** | 1 |
| 2005 | | Porrentruy–Boncourt | 2 |

### 21 00

| | | | Voie |
|---|---|---|---|
| 2100 | Bus | Moutier, gare | |
| **2101** | IR | **Laufen–Basel SBB** | 3 |
| **2103** | IR | **Moutier–Grenchen Nord–Biel/Bienne** | 1 |
| 2105 | | Porrentruy–Boncourt | 2 |

### 22 00

| | | | Voie |
|---|---|---|---|
| 2200 | Bus | Moutier, gare ①–④ ⑦ ainsi que 29 mars | |
| **2201** | IR | **Laufen–Basel SBB** | 3 |
| **2203** | IR | **Moutier–Grenchen Nord–Biel/Bienne** | 1 |
| 2205 | | Porrentruy–Boncourt | 2 |

### 23 00

| | | | Voie |
|---|---|---|---|
| 2300 | Bus | Moutier, gare ⑤, ⑥ sauf 29 mars | |
| **2301** | IR | **Laufen–Basel SBB** | 3 |
| **2303** | IR | **Moutier–Grenchen Nord–Biel/Bienne** | 1 |
| 2305 | | Porrentruy–Boncourt | 2 |

### 0 00

| | | | Voie |
|---|---|---|---|
| 000 | Bus | Moutier, gare Nuits ⑤/⑥, ⑥/⑦ sauf 13/14 avr | |

### Informations

Trafic régional Delémont–Laufen: voir horaire Car postal et transports urbains

### Explication des signes

IR **InterRegio**
REX **ExpressRégional**
En gras **Train direct**
S RER ⊕
Normal Regio ⊕
Bus Autobus
⊕ Autocontrôle: Pas de vente de billets dans le train. Les voyageurs sans titre de transport valable s'acquittent d'une surtaxe spéciale
Ⓐ Lundi–vendredi, sauf fêtes générales
Ⓒ Samedis, dimanches et fêtes générales
✕ Lundi–samedi, sauf fêtes générales
† Dimanches et fêtes générales
Les fêtes générales sont: 1er et 2 jan, Vendredi saint, lundi de Pâques, Ascension, lundi de Pentecôte, 1er août, 25 et 26 déc
① Lundi
④ Jeudi
⑤ Vendredi
⑥ Samedi
⑦ Dimanche
( ) Point d'arrêt desservi périodiquement
✖ Voiture-restaurant
🚲 Pas de chargement des bicyclettes par les voyageurs

SBB CFF FFS

Abfahrt Départ Partenza

Gut bedient
beim Zugfahren

Service-Bereiche der Bahn

Mit Velo und Bahn
gut unterwegs.

Velo und Bahn

Landes-

ter ALSACE
Strasbourg -
ulhouse - Basel -
Zürich

# 스위스에서 타이포그라피를 배우는 것

# 스위스에서 타이포그라피를 배우는 것

20
Blue Berry
Heidelbeeren
Myrtilles
Classe 1
250 g netto

# Eating and **eating**

## 먹고 먹고 또 먹기

토마토 통조림 6개 묶음 한 박스, 스파게티면 3개, 호박 1개,
사우어크라우트(Sauerkraut, 독일식 양배추절임) 한 봉지
배추 다섯 포기, 파 한 단, 마늘, 생강, 부활절 초콜릿 한 개
아이스크림은 살까 말까 고민 중.

MMM Claramarkt
Ihre Migros in Basel
Vielen Dank - Auf Wiedersehen

4240 09 0685 702 VERK 16:56 03.08.04

| | | |
|---|---|---|
| KASSENTRAGT. SPO | 0.30 | 2 |
| SPAGHETTINI 500G | 1.60 | 1 |
| BREAKFASTDRINK | 1.90 | 1 |
| GYOZA CREVETTEN | 4.50 | 1 |
| POULETGESCHNETZ. | 6.80 | 1 |
| HEIDI FRISCHKAES | 3.00 | 1 |
| SPECKSTAEBLI | 2.85 | 1 |
| GESCHAE.TOMATEN | 0.70 | 1 |
| OLIVEN GEF.PIM. | 2.30 | 1 |
| PIMENT/PEPERONCI | 2.50 | 1 |
| OLIVENOEL MONINI | 6.40 | 1 |
| TOMATEN | 0.85 | 1 |
| AKT BIRNENNEKTAR | 2.00 | 1 |

| | |
|---|---|
| TOTAL | 35.70 |
| Gegeben | 100.00 |
| ZURUECK | 64.30 |

MWST-REGISTER-NR. 116234

| CODE | SATZ | BETRAG | MWST |
|---|---|---|---|
| 1 | 2.4% | 35.40 | 0.83 |
| 2 | 7.6% | 0.30 | 0.02 |
| TOTAL | | 35.70 | 0.85 |

Tel.Nr Zentrale: 061'686'76'76
Gourmessa: 061'686'76'10
M-Electronic 061.686'76'60
Ticket Corner: 061'686'76'00

스위스의 물가가 상당히 비싸다는 건 지나가던 개도 아는 사실이다. 그 비싸다는 런던에서 저렴한 음식값에 만세를 불렀던 일이나, 동경 출신의 일본 학생들조차 이곳의 물가에 두 손을 들 정도다. 그러니 식당에 간다거나 뭔가 특별한 것을 먹을 때는 언제나 심사 숙고하게 되기 마련이다. 런던이나 다른 나라의 물가를 스위스와 비교했을 때 만세를 부를 정도였다는 것은 사실 과장이지만, 문제는 스위스란 나라가 워낙 작고 없는 것이 많은 터라, 저렴한 것을 이용할 수 있는 선택의 폭이 좁다는 것이다. 가령 큰 도시라면, 다양하고 저렴한 식당을 찾아가며 충분히 아껴 쓸 수가 있을 텐데, 상대적으로 너무나 작은 이 도시엔 식당이란 것이 몇 개 되지도 않을 뿐더러, 종류도 다양하지 않고, 값도 절대 싼 가격이 아니다. 로또에 당첨된 재벌이 아닌 이상, 감자전 비슷한 것 한 장 먹고 만 오천 원 가량을 소비한다거나, 맛도 없는 소시지 한두 개 먹고 만 원을 지불하는 것은 유학생의 도리에 어긋날 뿐 아니라, 배가 부를 턱도 없다. 한국 가게도 없고 한국 식당도 없는 곳이니, 어쩔 수 없이 스스로 길을 개척할 수밖에 없었던 그 현실 속에서 나의 창조적인 식생활은 시작되었다. '맛의 달인이 되리라'고 결심한 것은 아니었지만, 줄곧 애독하던 어느 만화책으로부터 삶의 지혜를 약간 얻은 덕분에 식당에서 낯선 음식 이름으로 가득찬 메뉴판을 보며 주문을 할 때에 간혹 반가운 이름을 만날 수 있었고, 지구상에 존재하지 않는 창조적인 음식을 만들게 될 때도 쓰레기통으로 직행하는 일이 없을 정도로 해낼 수 있었다.

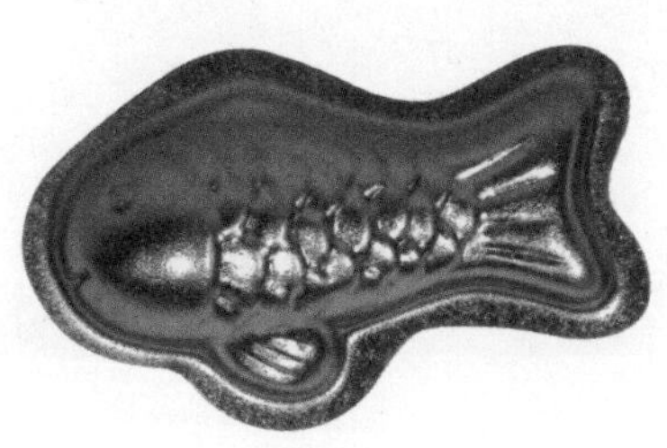

4.80
4.80
4.80
4.80
4.50
Tortelloni bio
Tortelloni bio
Tortelloni bio
Ravioli bio
Tortelli
Tortelli
Betty Bossi

Nestlé
Mousse de Viennois
4 CHOCOLAT
Nestlé
Mousse de Viennois
4 CHOCOLAT
Nestlé
Mousse de Viennois
4 CHOCOLAT
Nestlé
Nestlé
Nestlé

Toni
Bircher Müesli
200 g
Summer Special
Nestlé
HIRZ
SUNNY

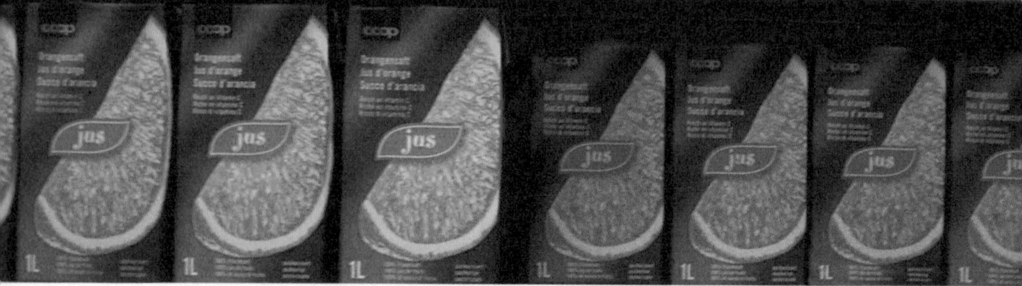
coop
jus
1L

Die Höhlengereiften
20%
LE SAPIN D'OR
HOHLE GASSE
CHEMIN CREUX
Munster
Lisbeth
REBLOCHON
Reblochon
Original
OETTINGER
Export
LÖWENBRÄU
DOSEN/BOITES
Warteck
Gervais

도시 곳곳에 위치한 수퍼마켓 미그로 Migros와 쿠웁 Coop은 한여름에도 유일하게 에어컨이 나오는 몇 안되는 곳으로 내가 학교 다음으로 빈번하게 가야만 했던 장소였다.

나의 주식은 여전히 밥이었기 때문에, 서울에서부터 조심조심 운반해 간, 나의 할아버지께서 직접 기르시고 빻으신 귀중한 고춧가루와 생선의 잔해들이 보이지 않아서 안심하고 먹을 수 있는 액체 육젓으로 김치를 담가 이 맛없는 땅에서 행복한 삶을 이어갈 수 있었다.

파, 마늘, 생강과 소금, 고춧가루와 액체 육젓을 대강 버무린 후, 다행히 수퍼에서 쉽게 구할 수 있었던 배추나 무우, 때로는 오이와 적당히 섞어놓으면, 각각 배추 김치, 깍두기, 오이소박이 등이 되었고 가끔은 내가 스스로 만든 김치들의 맛이 서울에서 먹던 바로 그 김치보다 더욱 훌륭하다고 착각하곤 하였다.

김치가 없으면 못사는 것도 아닐텐데, 굳이 고춧가루까지 무겁게 가져가며 김치를 만들어 먹는 것에 대해 약간은 놀라는 사람도 있는 것 같다.

하지만, 사실 아주 긴 시간과 노력이 필요한 것처럼 보이는 김치 만들기는 매일매일 다양한 식단을 만들어내는 것보다는 훨씬 수월한 일이었기 때문에 끊임없이 부지런히 만들곤 하였다. 어떤 일본인 친구들은 일부러 김치를 먹으러 오기도 하였고, 나의 미국인 방친구는 온동네에 자신이 김치 만드는 법을 안다고 자랑하고 다녔으며, 김치 국물에 밥을 말아 도시락을 싸가지고 다니는 엽기적인 행동을 하기도 하였다.

처음 스위스에 도착했을 때 가장 반가웠던 것은 수퍼에서 발견한 한국 라면이었는데, 종종 밥을 하기가 귀찮거나 시간이 없을 땐 고맙게 잘 끓여먹곤 했었다. 그랬기 때문에 어느 날 갑자기 수퍼에서 모든 라면들이 한꺼번에 사라져버리는 사태가 발생했을 땐, 한참 동안이나 아쉬워하며 한국과의 연결선이 끊어진 것 같은 왠지 모를 허전함을 느꼈었다.

일 년의 시간이 지나고 새로운 학생이 이탈리아에서 왔다. 그가 집을 구하기 전 잠시 동안 내 집에 머무르는 동안 매일같이 요리해준 다양한 파스타들의 맛에 반하여, 이후 나의 두번째 주식은 파스타가 되었다. 한국에서 먹던 약간은 비싸고 어려울것 같았던 파스타는 그가 가르쳐준 방법에 의하면 마치 라면을 끓이는 것만큼 간단해서, 한동안 우리 유학생들은 그의 파스타 강좌에 빠져들었고, 우리의 식단은 한 단계 업그레이드되었다. 게다가 파스타의 재료들은 그 어떤 재료들보다 값이 저렴해서, 나의 찬장엔 언제나 스파게티면과 토마토 소스 통조림이 몇 개씩 비축되어 있었다. 매일 먹어도 별로 질리지 않은 덕분에 나의 이탈리안 메뉴는 차츰 발전하여, 브로콜리 스파게티에서 명란젓 스파게티까지, 자연스럽게 내 생활의 일부분이 되어 갔다.

Unsere Wochenhits.
Gültig vom 10.8. bis 16.8.
SOLANGE VORRAT
Branches classic
Packung à 40 Stück, 1080 g
12.–
statt 18.–
Crème Fraîche
200 g
1.90
statt 2.60
Crème Fraîche mit Kräutern
200 g 2.– statt 2.70
SOLANGE VORRAT
Katzennahrung Xirah
Packung à 8 x 100 g
Schalen
5.80
statt 7.20
Beutel
6.40 statt 8.00
20%
auf das gesamte Douche-Sortiment
(ohne Nivea, Kneipp und M-Budget)
Beispiel:
pH-Balance Duschgel
250 ml
3.80
statt 4.80
SOLANGE VORRAT
Fun Cornets
Vanille/Schokolade
Packung à 16 Stück, 1120 g
9.60
statt 13.60
Alle Handymatic-Produkte
(ohne Regeneriersalz)
beim Kauf ab 2 Produkten
jedes –.50 günstiger
Beispiel:
Classic Tabs
30 Stück
5.30
statt 5.80
Hamburger tiefgekühlt
hergestellt in der Schweiz
aus Schweizer Fleisch
Packung à 8 Stück, 720 g
8.50
statt 14.10
SOLANGE VORRAT
Thon rosé
Packung à 6 x 200 g
6.90
statt 8.70
Damen-Strumpfhosen
Comfort und
Comfort plus
bis 5.90 1.– günstiger
ab 6.– 1.50 günstiger
Beispiel:
Strumpfhose Crêpe
3.90
statt 4.90
(Art.-Nr. 5303.232)
Alle Potz
Reinigungsmittel
beim Kauf ab 2 Produkten
jedes –.50 günstiger
Beispiel:
Fresh Power Allzweckreiniger
1 Liter
2.90
statt 3.40
MIGROS
SO ODER SO

SARDINES
à l'huile
d'olive pure
stérilisées
Sardina pilchardus
SARDINE
in puro
olio d'oliva
sterilizzate
SARDINEN
in
reinem Olivenöl
sterilisiert
SARDINES
Zutaten:
Sardinen, Olivenöl, Kochsalz.
Ingrédients:

스위스 생활을 시작한 지 얼마 안 되어 전기 밥솥을 찾아 먼거리를 걸어갔던 일과 처음 김치를 담그고 기뻐했던 일, 그리고 학생 식당의 밥이 너무 비싸서 하루종일 굶고 작업하다가 겨우 집에 돌아와 허겁지겁 밥을 먹던 일이 생각나곤 한다. 누군가 스위스 가서 먹기만 하고 왔냐고 농담삼아 얘기하면 싱겁게 그렇다고 대답하며, 잠시 지난 기억들을 더듬곤 한다.

Bestellungen
Früchtebrot
500 g Fr. 15.40
Krusten-
Bauernbrot
1 kg Fr.
4 kg Fr.
Steinmühle-
Pfünderli

Lobelie hängend
halbschattig
Petunien

5 Tomaten
Hors-sol
Herkunft: Schweiz
1 kg
3.50
Mettere il prodotto sulla bilancia p.f.
24 Grüner Lauch
Gewächs-haus
Herkunft: Schweiz
1 kg
3.40

# 가정식 파스타! 파스타!

양도 부정확. 양념도 부정확
적당히, 알아서 손맛으로
만드는, 베이컨을 넣으면
베이컨스파게티
참치를 넣으면 참치파스타
조개를 넣으면 봉골레
그냥 그냥 대강 만드는
맛나는 파스타

1.

국수를 삶아요
상자에 든 스파게티는
보통 4인분!
삶을 때는 소금을 조금
넣고 삶아요.
종류에 따라 삶는 시간이
제품에 써 있어요.
* 8분이라면 7분정도
능숙한 사람이 아니면
이리저리 건지고 하다가
불어버리니까!!!

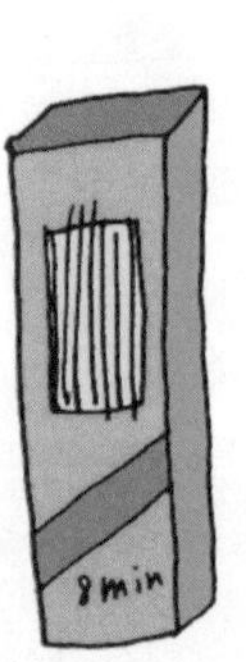

생토마토를 쓰는
신선한 깔끔한
PASTA!

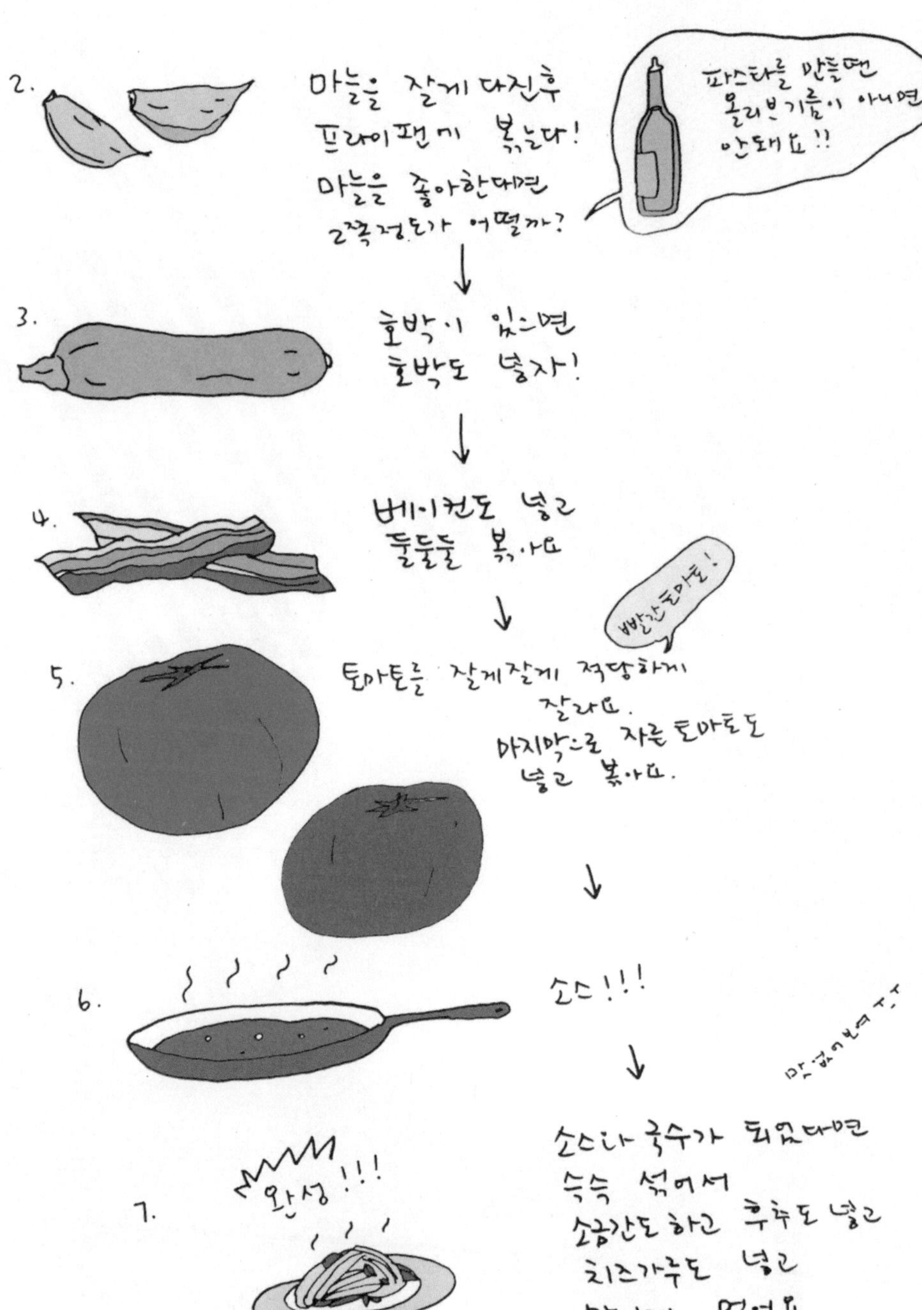
2.
마늘을 잘게 다진후
프라이팬에 볶는다!
마늘을 좋아한다면
2쪽정도가 어떨까?
파스타를 만들면
올리브기름이 아니면
안돼요!!
3.
호박이 있으면
호박도 넣자!
4.
베이컨도 넣고
둘둘둘 볶아요
빨간토마토!
5.
토마토를 잘게잘게 적당하게
잘라요.
마지막으로 자른 토마토도
넣고 볶아요.
6.
소스!!!
맛있어보여
7.
완성!!!
소스나 국수가 되었다면
슥슥 섞어서
소금간도 하고 후추도 넣고
치즈가루도 넣고
맛있게 먹어요

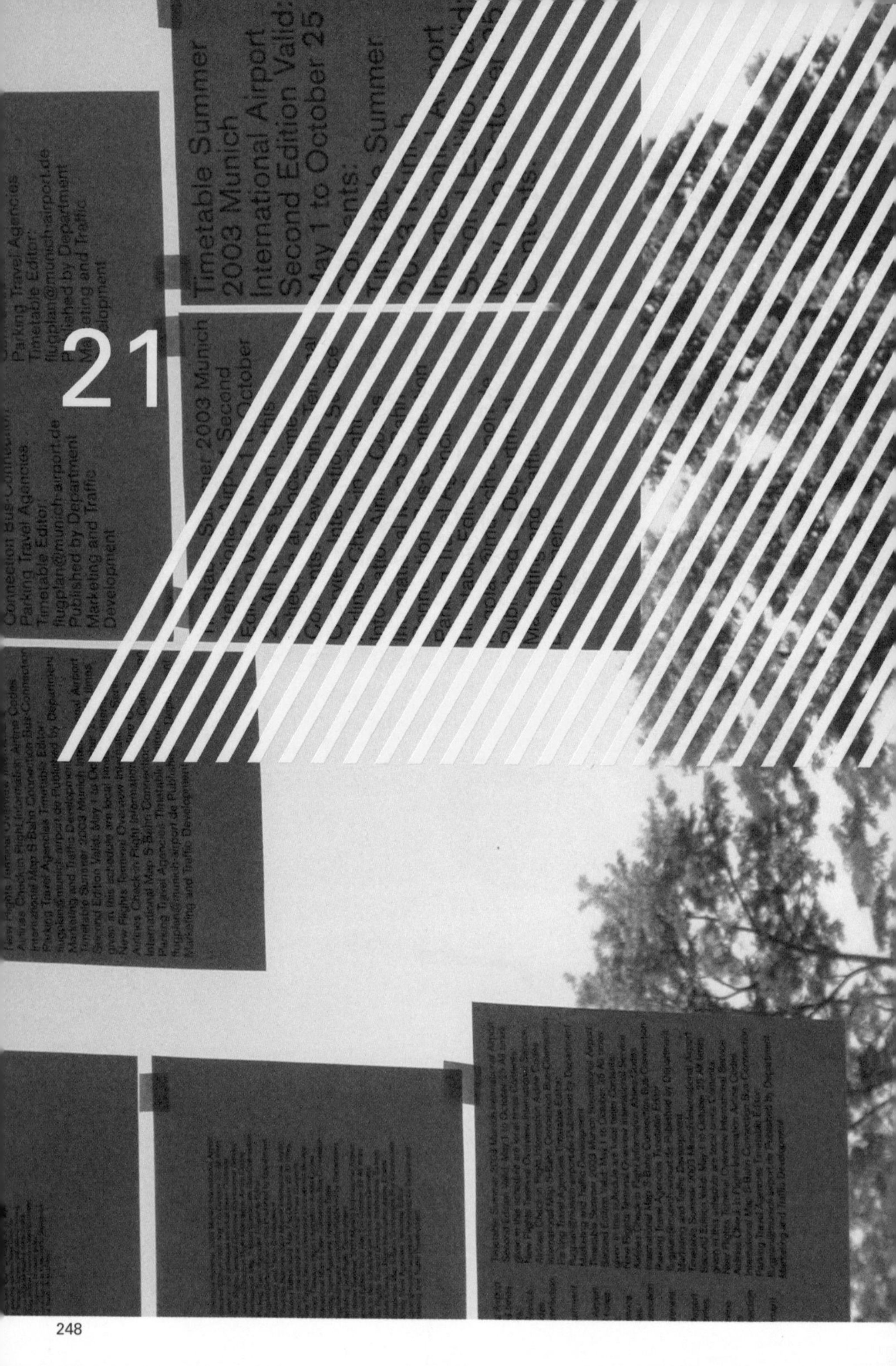
21
Timetable Summer
2003 Munich
International Airport
Second Edition Valid:
May 1 to October 25
Parking Travel Agencies
Timetable Editor:
flugplan@munich-airport.de
Published by Department
Marketing and Traffic
Development

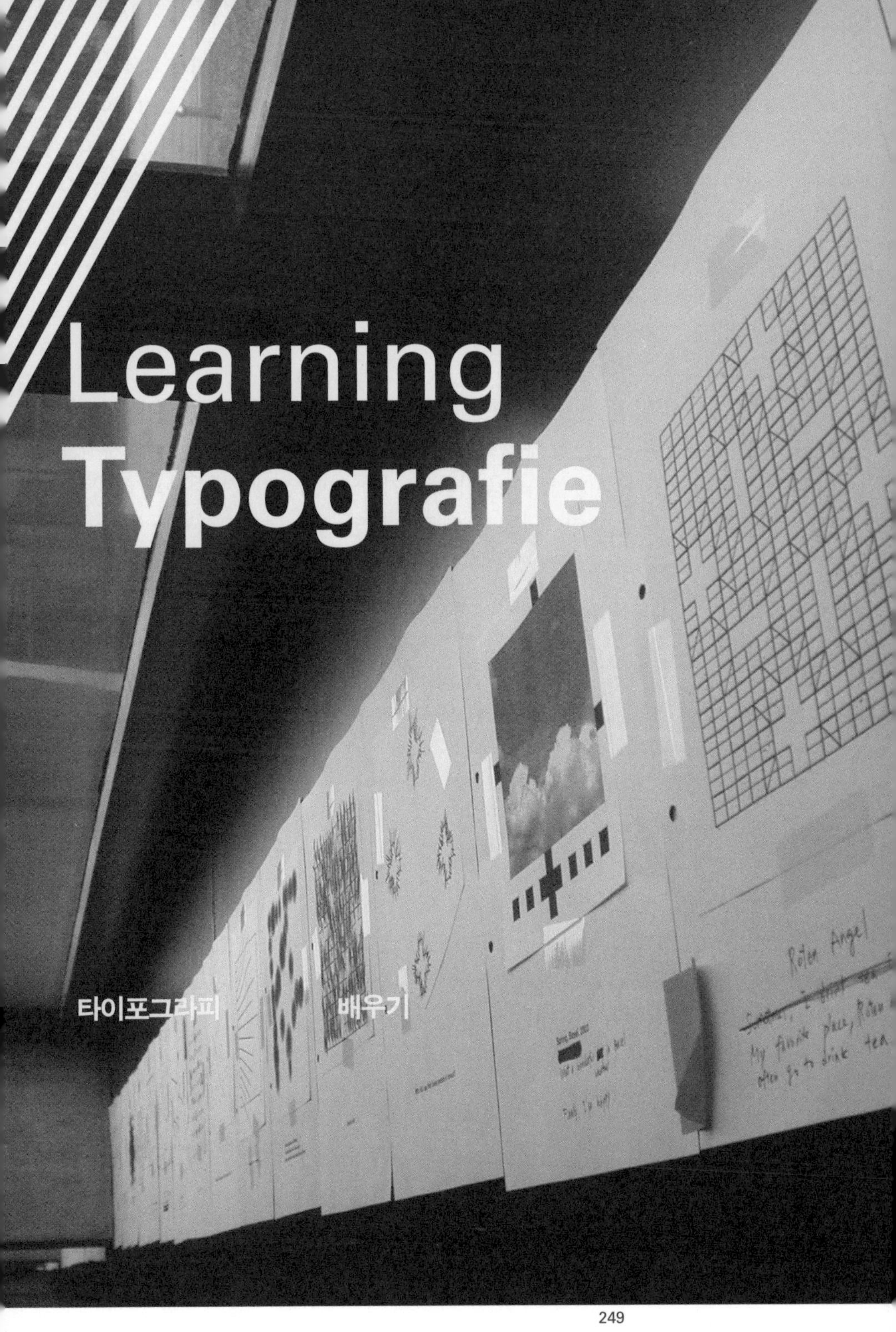

# Learning **Typografie**

## 타이포그라피 배우기

언제나, 귀가 닳도록, 타이포그라피란 말을 수없이 들어 왔고, 대학 4년 동안 충분히 배웠다고 생각했지만, 졸업을 하고 회사를 다니면서도 그것이 무엇을 의미하는지 여전히 알 수 없었다. 스위스란 나라에까지 와서 타이포그라피를 공부하게 된 이유 역시 처음엔 막연한 궁금증 때문이었다. 한편으론 과연 바젤이란 곳에서 공부를 한들 그곳의 타이포그라피가 대학 시절 배웠던 것과 뭐가 그리 다를까 생각했었다.
결론부터 말하자면 바젤의 타이포그라피는 내가 다녔던 대학교의 그것과 너무나 달랐고 또 너무나 똑같았다.

가위와 자, 칼, 그리고 테이프가 바젤의 타이포그라피 수업에 필요한 모든 재료이다. 4년을 디자인을 공부하고 3년의 시간 동안 디자인 일을 했었지만, 타이포그라피의 첫 수업에선 A4 종이의 크기가 어떤 것인지에서부터 글자 사이와 줄간격을 맞추는 연습까지 아주 기초적인 것을 다시 배웠다.

손톱 크기의 반도 안되는 작은 글자의 조각들을 늘어놓고 눈을 가늘게 뜬다. 행여나 작은 바람에 종이들이 날라갈까 조심스레 테이프로 붙여가며 디자인을 한다. 한 페이지 밖에 안되는 문장을 가지고 학생들은 한 학기 내내 혹은 그 이상의 오랜 시간 동안 의자도 없는 강의실에서 수십 수백 개의 다양한 디자인을 만들어낸다. 그들 수백 개의 디자인 중에서 선택된 단 한 장의 결과물은 오랜 시간의 노력과 시행 착오를 거쳐 탄생한 아름다운 나의 첫 타이포그라피 작품이다.

주어진 하나의 내용을 가지고 수없이 다양한 디자인을 만들어 내는 과정을 거쳐 완성한 단 하나의 작품은 아무리 뛰어난 디자이너라도 짧은 시간에 절대 만들어낼 수 없는 그것이다. 바젤에서 내가 배웠던 타이포그라피란 바로 그 최고의 것을 만들어내는 성실함과 노력이었다.

지금 생각해보면 내가 한국에서 받은 타이포그라피 교육이 바젤에서의 그것과 별반 다르지 않은 듯하다. 단지 어린 시절의 나는 그런 것들을 받아들일 준비가 되어 있지 않았고, 시간 없음을 핑계삼아 타이포그라피의 가장 기초적인 단계를 생략한 채 막연히 멋진 척하는, 타이포그라피 아닌 타이포그라피를 하고 있었던 것이다.
지난 시절, 대학생이었던 내가 타이포그라피 교육을 충분히 받아들일 수 있는 능력을 갖추지 못했던 탓에 이 먼 나라까지 와서 다시금 지난 기억을 되짚어본 셈이 되긴 하였지만, 바젤에서의 경험은 내가 타이포그라피란 무엇인지 그것을 어떻게 해야 하는 지를 알게 해준 소중한 것이었다.
하루에 여덟 시간 동안이나 선 채로 작은 글자의 조각들을 바라보던 기억은 언제까지나 잊혀지지 않을 것이다.

Hangul
Image
Hangul
Image

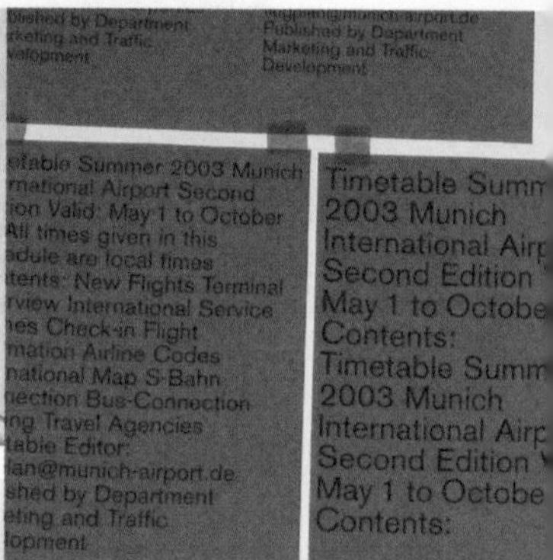
Published by Department
Marketing and Traffic
Development
Timetable Summer 2003 Munich
International Airport Second
Edition Valid: May 1 to October
All times given in this
schedule are local times
Contents: New Flights Terminal
Overview International Service
Times Check-in Flight
Information Airline Codes
International Map S-Bahn
Connection Bus-Connection
Parking Travel Agencies
Timetable Editor:
@munich-airport.de
Published by Department
Marketing and Traffic
Development
Timetable Summ
2003 Munich
International Airp
Second Edition
May 1 to Octobe
Contents:
Timetable Summ
2003 Munich
International Airp
Second Edition
May 1 to Octobe
Contents:

1st
Exercise:
Cover
20.0 cm 28.0 cm

cise:
enz-Grotesk
Beat Keusch Beat Keusch
Beat Keusch
Logotype 6 Posters 8
Logotype 6 Posters 8
Logotype 6 Posters 8
Bottle Label 10 Bottle Label 10
Bottle Label 10
Logo 12 Corporate Design 14
Logo 12 Corporate Design 14
Logo 12 Corporate Design 14
Advertising Campaign 26
Advertising Campaign 26
Advertising Campaign 26
Museum Signage 28
Museum Signage 28
Museum Signage 28
Book Design 32 Book Design 32
Book Design 32
Visual Communication
Visual Communication
Visual Communication

# 22

# 맥주와 시럽

# Beer and Syrup

수업 시간에 열심히 작업을 하고 있으면, 때때로 교수님이 지나가시며 슬쩍 말씀하시곤 했다. 맥주 마시러 갈까?
불행인지 다행인지 술을 거의 마시지 못하기 때문에 술 마시느라 유학 자금을 탕진하거나 밤늦게까지 술을 마시고 학교에 지각을 하지는 않았지만, 가끔은 약간 취할 정도로 마신다거나 맥주 맛을 알 정도는 되었으면 좋겠다고 생각했었다.
라인 강 근처의 한 골목에는 맥주를 직접 만들어 파는 퓌셔스투베 Fischerstube라는 아주 오래된 맥주집이 있다. 교수님이 그곳의 단골이기 때문인지 아니면, 맥주 맛이 좋아서 대대로 애용하고 있는지는 모르겠지만, 어떤 특별한 일이 있거나 누군가 맥주를 마시고 싶을 땐 학생들이 우르르 몰려가서 맥주를 마시곤 했다. 누군가 술을 맛보라고 하면, 술은 이 술 저 술 가릴 것 없이 모두 쓴맛이라고 단정짓고 마는 나에게 그 집의 술 맛이 어떤가 물어본다면 똑같이 쓴맛이라고 대답하겠지만, 그런 나에게도 약간 뽀얀 색깔을 띠는 퓌셔스투베의 맥주는 뭔가 다른 맛을 선사하곤 하였다.
그런 이유로 친구들과 근처 술집에 가서도 줄곧 콜라나 아이스티를 마시던 나도, 그 맥주집에 갈 때는 가끔은 맥주를 시켜 마시곤 했다. 특히 라스베리 시럽을 섞은 맥주는 술이라면 쓴맛밖에 느낄줄 몰랐던 나에게 약간은 달콤한 맛을 즐길 수 있게 해주었다.

지난 일을 생각해보면, 나의 첫 일년 간의 스위스는 맥주처럼 쓴맛이었고, 나머지 일년은 시럽처럼 달콤한 일년이었다. 새로운 환경에 적응하고 새로운 사람을 만나고, 모든 것이 새로운 세상에서의 삶이란 그리 흥미로운 일만은 아닌것 같다. 말도 잘 안통하는 상태에서 부동산을 돌아다니며 어렵게 살 집을 구하고 또 어렵게 전화를 놓고 은행을 가고, 혼자 밥을 먹고, 외국인 신분증을 받기 위해 경찰서에서 번호표를 받아 왠지 모르게 처량해 보이는 많은 외국인들과 대기실에서 기다리고 있다보면, 아는 사람 하나 없는 다른 나라에서의 삶이 결코 낭만적이지만은 않다는 사실을 깨닫게 된다.

퓌셔스투베 Fischerstube
Rheingasse 2

동양인이 많지 않은 나라에서 길을 걸을 때마다 느껴지는 시선이나, 기분 나쁜 일이 있었는지 아니면 다른 이유가 있는지 퉁명스럽게 대하는 상점의 점원을 만날 때와 같은 작은 일들, 이해되지 않는 상황을 순순히 받아들이고 이해해야만 하는 학교에서의 생활들은 나의 삶을 쓰디 쓴 술처럼 만들어서, 어떤 날은 종일 우울해져 있거나, 하루에 한 마디 말도 안 한 채 지나가는 날들도 있었다.

술처럼 쓴 한 해가 지나가고 나의 몸과 마음은 새로운 곳에 적응하여 삶을 즐길 수 있는 지혜를 얻게 되었고, 그렇게 마지막 남은 해를 맞이했다. 이후로 나는 도시의 일상적인 삶을 들여다 보게 되었고, 작은 것에서 새로운 즐거움을 찾는 여유를 되찾았으며 학교에서는 새로운 그 무엇과의 만남으로 흥분되는 나날을 보낼 수 있게 되었다. 그리고 한밤중 숲 속에서 열리는 특별한 행사에 가거나 다리 아래의 강둑에서 시원한 바람을 맞으며 친구들과 조용하고 고즈넉한 시간을 만끽하곤 했다.

그리고 이제는 퓌셔스투베의 시럽을 넣은 맥주를 즐길 수 있게 되었고, 점심시간의 맥주 한 잔으로 약간은 상기된 얼굴을 한 채 자전거를 타고 학교로 돌아오는 하루의 일과를 행복하게 누리게 되었다. 학교에서는 무서운 교수님과도 맥주집에서는 이런 저런 일상의 얘기를 나눌 수 있게 되었고, 원래부터 존재했던 스위스의 쓰지만 달콤한 삶도 겨우 알아차릴 수 있었다.

맥주와 시럽처럼 쓰디쓴 인생과 달콤한 인생을 모두 겪은 후, 삶에 대하여 다시 한 번 생각해본다.
내 마음이 가는 방향에 따라서 나의 인생은 쓰거나 달다.
언제나 달디 달아 끈적한 인생이나 고난이 가득한 씁쓸한 인생보다, 약간은 쓴 맥주에 단 시럽을 탄 것과 같은 오묘한 맛이 적당히 섞인 다채로운 인생이 눈앞에 펼쳐진다.

Brauereiführungen • Partyfass • Karaffen
Tel. 061 692 94 95
www.uelibier.ch
Ueli Bier
Brauerei Fischerstube AG
Rheingasse 45
4058 Basel

Unser Bier
Brauerei Unser Bier AG,
Laufenstr. 16, 4002 Basel
Tel. 061 338 83 83 Fax 061 338 83 84
www.unser-bier.ch

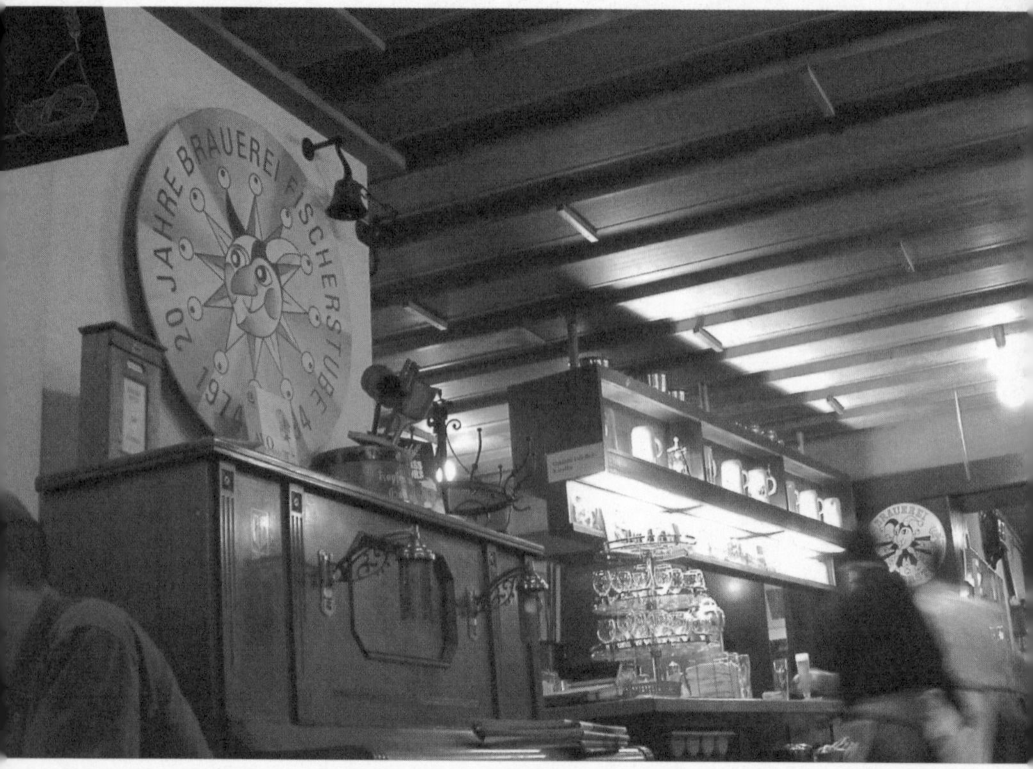
20 JAHRE BRAUEREI FISCHERSTUBE
1974

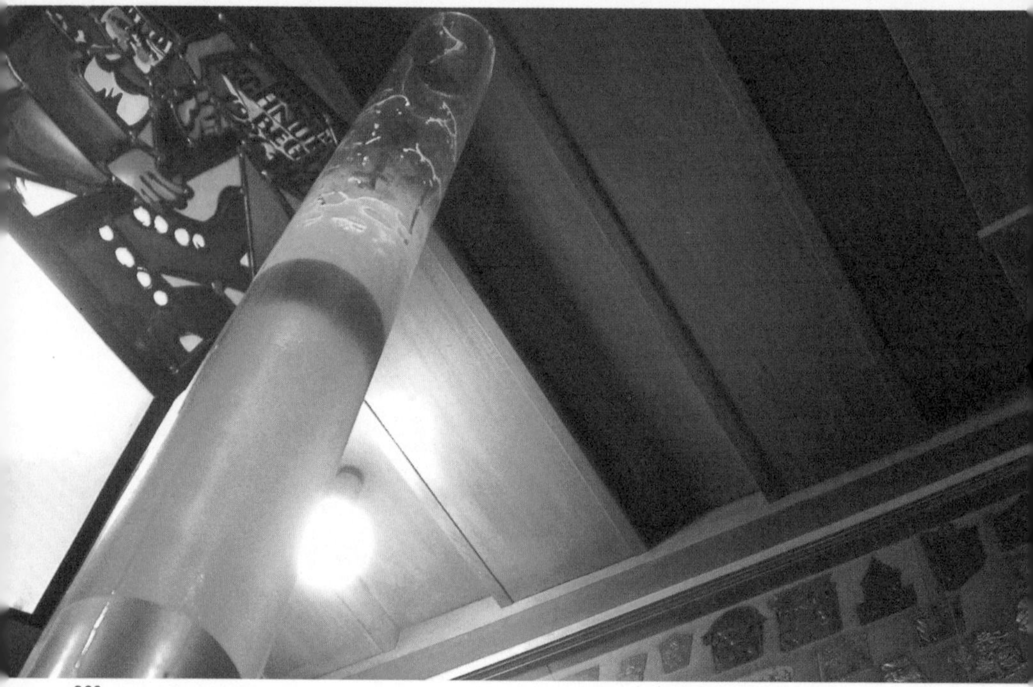

Alti Gard
SCHNUREBE
Schlur
Biergar

# 23

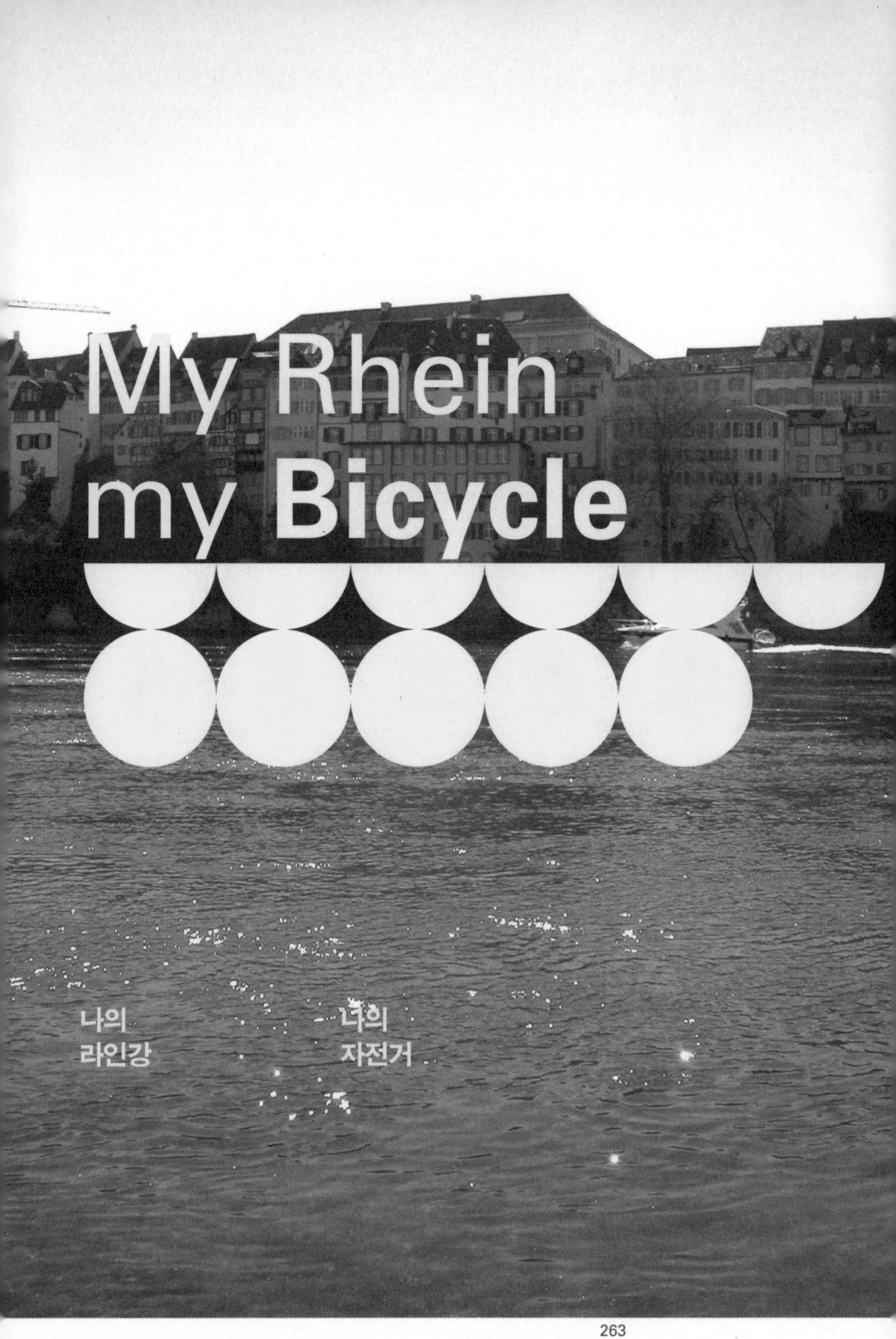

# My Rhein
# my **Bicycle**

나의
라인강

나의
자전거

라인 강은 어디에선가 흘러들어와 도시의 중앙을 가로지르고 또 다시 어디론가 흘러간다. 라인 강은 끊임없이 흐르고, 나는 타이포그라피를 공부한다. 사방이 꽉 막힌 도시에서 저 멀리 흘러 흘러 바다로 가는 라인 강마저 없었다면, 손바닥 두 개를 합친 크기의 작은 종이 위에서 글자들과 씨름하다가 머리를 식히러 갈 곳도 없었을 것이며, 저 멀리 강이 끝나는 곳은 어디일까 생각하는 여유도 가지지 못했을 것이다.

가만히 있어도 땀이 줄줄 흐르는 한국의 더위에는 미치지 못하더라도, 투명한 하늘에서 쏟아지는 따가운 여름의 햇살은 입고 있는 옷도 뚫을 것만 같다. 오전 내내 종이 위의 검은 점들과 도형들을 보고 있으면, 내 눈은 빙글빙글 돌고, 행여 손톱보다 작은 종이 조각들이 날아갈까 염려하여 교실의 창문은 꼭 닫혀 있다. 뜨거운 여름의 점심 시간이 되면, 모두들 점심을 마다하고, 저마다 오렌지색의 특이한 비닐 가방을 들고, 강으로 달려간다. 어서어서 빨리빨리, 조바심을 내며 자전거의 페달을 밟는다. 세찬 물살이 흐르는 강의 상류로 뻘뻘 땀을 흘리며 달려가 모두 옷과 신발을 벗어서 비닐 가방에 담고 차디 차가운 라인 강의 물 속에 몸을 던진다. 오렌지 색깔의 비닐 가방은 튜브처럼 둥실 떠올라 우리의 몸을 지탱해주고, 우리는 빠르게 흐르는 물살에 몸을 맡기고 여름의 열기를 식혔다.

한여름의 라인 강에서 수영을 즐기는 사람들과 수영복을 입고 강가를 거니는 사람들을 어렵지 않게 볼 수 있다. 어린아이부터 나이 많은 사람들까지, 오랜 시간의 세월을 라인 강과 함께 보낸 그들은 빠른 물살이 흐르는 강에서 튜브도 없이 멀고 먼 거리를 수영을 하며 오간다.
어떤 특별한 날에는 수백 명의 사람들이 몰려나와 저마다 환호성을 지르며 물 속으로 뛰어들고, 용감한 젊은이들은 강에 놓여진 다리 위에서 다이빙을 하기도 하며, 이른 새벽이나 깜깜한 밤에도 여유 있게 수영을 즐긴다. 밤이 되면 강 한쪽에선 물 위에 마련된 작은 무대에서 매일매일 작은 음악회들이 열리고, 사람들은 음악을 듣고 맥주를 마시며 낮의 열기를 잠재운다.

강바람이 약간은 싸늘한 계절이면, 강가에 앉아서 지나가던 백조와 오리들에게 먹이를 던져주고, 작은 배를 타고 힘차게 노를 저으며 언젠가 있을 보트 경기를 준비하는 어느 뱃사공의 모습을 보거나 가끔씩 지나가는 거대한 배들을 구경하기도 했다. 일요일의 이른 아침, 밤 사이 내린 눈 위를 걸으며, 강가를 산책할 때 다시는 잊지 못할 행복함을 느끼곤 했다. 차가운 바람이 콧잔등과 귀를 시렵게 하지만, 두꺼운 코트에 몸을 깊숙히 파묻고, 상쾌한 공기를 들이쉬었다.

가끔은 강가에 앉아 지나가는 배를 보며 잠시 집을 그리워했다.
라인 강은 흐르고 흘러서 독일을 지나 네덜란드까지 도달하여 바다로 흘러간다. 오늘 이곳에서 내가 발을 담그었던 강은 바다와 함께 저 먼 나의 집까지 흘러갈지도 모르겠다.

Auf glatte, saubere und trockene Metallfläche kleben.
À coller sur une surface en métal lisse, propre et sèche.
Da incollare su una superficie metallica liscia, pulita e asciutta.
486
25
428918
02

ASSOCIATION DES SERVICES DES AUTOMOBILES
VEREINIGUNG DER STRASSENVERKEHRSÄMTER
ASSOCIAZIONE DEI SERVIZI DELLA CIRCOLAZIONE **asa**

Haftpflichtversicherung für Fahrräder
Assurance RC pour cycles
Assicurazione RC per velocipedi

Ausfüllen und aufbewahren Remplir et conserver Riempire e conservare

Marke/marque/marca:

Rahmen Nr./cadre no/telaio no:

Farbe/couleur/colore:

**486** 25 428918 **02** Gültig bis Valable jusqu'au Valevole fino al 31. 5. 2003

Versicherung siehe Rückseite Assurance voir verso Assicurazione vedi retro

Name / Adresse / Tel.
nom / adresse / Tél.
nome / indirizzo / tel.

Auf glatte, saubere und trockene Metallfläche kleben.
A coller sur une surface en métal lisse, propre et sèche.
Da incollare su una superficie metallica liscia, pulita e asciutta.

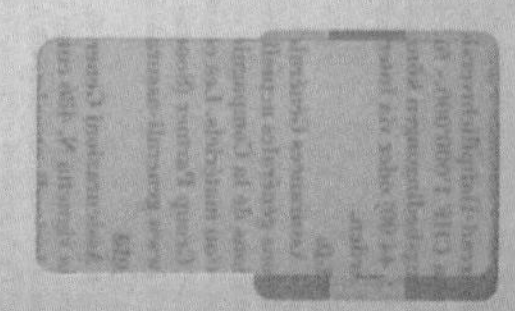

스위스의 거의 모든 도시가 그렇지만, 바젤은 천천히 걸어서 한 시간이면 중심가를 다 돌아볼 수 있는 작은 도시이다. 전차와 버스가 짧은 거리를 운행하고 약간은 먼 거리를 간다고 해도 전차로 십여 분, 그러니 자전거는 이 도시의 아주 유용한 교통 수단이다. 뿐만 아니라 넓은 공원의 키 큰 나무들 사이로 자전거를 타고 달리는 것은 이 곳에서 사는 큰 행복 중 하나이다.

# 스위스 여행

# 스위스 여행

# 24

3
THEATER SPEKTAKEL AHOi.
BÜRKLIPLATZ
25. ZUERCHER THEATER SPEKTAKEL

# Zürich

취리히

취리히에는 한국에 갈 때마다 비행기를 타러 가곤 했는데, 그때마다 처음 취리히의 클로텐 공항에 도착하여 어디로 가야할지 막막했던 기억이 떠오른다. 공항을 오가고, 가끔은 전시를 보러, 또 가끔은 책을 사러 가기도 했었지만, 취리히를 자세히 본 기억은 별로 없는 것 같다.
스위스의 다른 도시와는 다르게 취리히의 거리는 번쩍거리는 멋진 옷들을 빼입은 사람들과 비싸보이는 물건들을 파는 상점들로 가득하다.

취리히에는 볼 것도 많고, 디자인 상품을 파는 상점들도 많아서 디자이너라면 시간 가는 줄 모르고 이 도시에 흠뻑 빠질 수 있을 것이다. 그 중에서도 내가 취리히에 갈 때마다 빼놓지 않았던 디자인 미술관과 미술 서점, 몇 개의 미술관들은 그냥 지나쳐서는 안 될 곳들이다.
역 근처의 디자인 미술관에서는 간혹 상당히 흥미로운 전시들이 열리고, 다양하고 멋진 스위스의 디자인 포스터들을 판매하고 있다. 미술관은 취리히 디자인 대학교 HGKZ와 같은 장소에 있어서, 전시를 보러 가는 날이면, 슬쩍 학교를 구경하기도 하고, 게시판에 붙은 종이 쪽지들을 살짝 훔쳐보기도 했다.

바젤에도 아담하고 좋은 미술 서점이 있지만, 취리히의 미술 서점 Orell Füssli Krauthammer은 일단 규모부터 엄청나게 크고, 없는 것 없이 재밌고 좋은 책들이 가득하여, 이곳에 갈때면 언제나 몇 시간이고 어딘가 숨어 있는 보물을 찾아보곤 했다. 스위스에는 좋은 디자인 서적을 전문적으로 출판하는 출판사들이 많은데, 중요한 타이포그라피 관련 서적들은 대부분 이 출판사들에서 출판되고 있다. 특히 니글리 Niggli와 라스 뮐러 Lars Müller Publisher에서는 에밀 루더, 아민 호프만, 요셉 뮐러 브로크만, 볼프강 바인가르트, 칼 게스트너, 아드리안 푸르티거 등 유명한 타이포그라퍼들의 책들을 줄줄이 출판하고 있어서 서점에 갈 때마다 부족한 주머니 사정을 생각하며 어떤 책을 골라야 할까 오랫동안 망설이곤 했다.

이 미술 서점의 오른쪽 골목으로 조금만 올라가면, 미술사의 한 부분을 차지하는 다다이즘 Dadaism이 일어난 의미 있는 장소를 만날 수 있다. 지금은 아무것도 남아 있지 않고 작은 판넬 하나만이 그 장소임을 알리고 있지만, 책에 이름만 나와 있는 이곳, 슈피겔 가쎄 Spiegel gasse 1번지의 카바레 볼테르를 직접 보는 것은 왠지 가슴 떨리는 일인 것만은 틀림없다. 이곳을 찾아나섰을 때는 적어도 방 하나를 차지하는 작은 박물관 하나쯤은 자리를 잡고 있을 줄 알았으나, 번지수를 가리키는 표지만 덩그라니 붙어 있고, 내부는 공사중이었다. 작업을 하고 있는 사람에게 부탁해서 잠시 어수선한 내부에 들어가보았지만, 벽에는 언제 그려졌는지 모를 낙서들만 몇 개 있고 역사의 자취는 찾아볼 수가 없었다. 하지만, 몇 십년 전 그곳에서 지금은 이미 이 세상에 없는 한 무리의 젊은이들이 역사책에 기록될 어떤 특별한 운동을 벌였던 것을 상상해보면, 하루하루를 무의미하게 흘려 보내고 있는 나에게 어떤 자극과 흥분을 느끼게 한다.

중심지에 우뚝 서 있는 한 성당, 프라우 뮌스터 Frau Münster는 겉보기엔 초라하고 평범한 성당이지만, 안에 들어가서 주위를 살펴보면, 어디서도 보지 못할 귀중한 작품을 만날 수 있다. 성당의 창문을 장식한 스테인드글라스가 놀랍게도 샤갈의 작품인 것을 알아차리고 나면, 종이 위의 그림으로만 보았던 그의 작품이 투명하게 빛나는 모습에 넋을 잃을 수 밖엔 없을 것이다.

예술에 관심이 많은 나라의 중심 도시답게 취리히에도 몇 개의 크고 작은 멋진 미술관과 박물관이 있다. 지어진 지 얼마 되지 않은 새로운 미술관, 하우스 컨스트럭티브 Haus Konstruktiv는 오래된 발전소를 개조한 건물 안에 만들어진 구체주의 Constructivism 미술을 위한 미술관이다. 멋진 미술관들과 그 안에 살고 있는 탁월한 예술가들, 화려한 거리와 사람들… 작은 도시들이 대부분인 스위스에서 취리히는 가장 활기차고 세련된 도시이며, 멋진 삶이 있을 것 같은 곳이다.

ZÜRICH

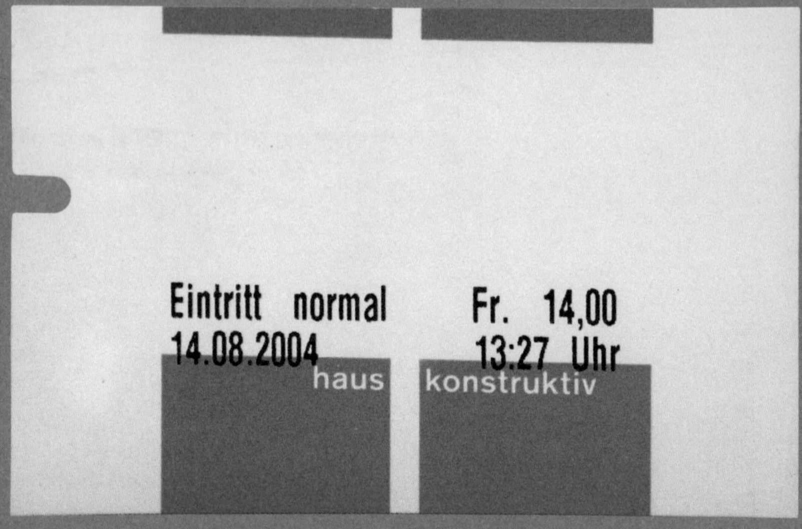

Eintritt normal Fr. 14,00
14.08.2004 13:27 Uhr
haus konstruktiv


**하우스 콘스트럭티브**
**Haus Konstruktiv**
Selnaustrasse 25, Zuerich
www.hauskonstruktiv.ch
수-금. 12:00 - 18:00
토, 일. 11:00 - 18:00

JETZT STATT
KUNST STROM
haus konstruktiv

haus konstruktiv
Richard Lo
Robert Ma
Hamish

GÜLTIG BIS 25.11.02 UM 17:10 UHR
ZÜRCHER VERKEHRSVERBUND

TAGESKARTE
Zürich Kunsthaus
STADTNETZ ZÜRICH
ZONE 10

2.Kl. 1/2
A 02106 24111711 002035 Fr. 5.20
01472 INKL. 7.6% MWST/253049

Sibler
Sibler
Sibler
IT'S JUST PORN MUM

Zürich Bürkliplatz
Zürich Landesmuseum
Zürichhorn
Zürich Wollishofen

**카바레 볼테르**
**Cabaret voltaire**
1916년 다다 dada의 시작점이 되었던 곳이다. 지금은 안내판만 남아있다.

Architektur Design Photographie Kunst
orell füssli
Architektur Design Photog
Architektur
Kunst
Design
Photographie
GOOD SMELL
URS FISCHER
MAKE-UP TREE
orell füssli

41

NZZ am Sonntag

# Wirtschaft

**Flughafen Zürich**

Ein Flottenabbau der Swiss hat drastische Folgen für den Flughafen. Gefährdet sind Arbeitsplätze und die Funktion als Drehscheibe.

**Seite 42**

**Fall Ericsson**

Die Untersuchungen zur Schwarzgeld-Affäre um den Ericsson-Konzern führen schwedische Behörden erneut nach Zürich.

**Seite 43**

**Friedrich Merz**

Der finanz- und wirtschaftspolitische Exponent der deutschen Opposition rechnet mit einer neuen Zerreissprobe in der Regierung Schröder.

**Seite 44**

**Vorsorgelücken**

Schweizer Vorsorgesysteme bauen auf der klassischen Familie auf. Häufig sind Konkubinatspartner im Alter ungenügend abgesichert.

**Seite 47**

## Kampf an vielen Fronten

Die Swiss arbeitet vorläufig als verkleinerte Netzwerk-Fluggesellschaft weiter. Wie das Unternehmen in die Gewinnzone kommen will, bleibt ein Rätsel. *Von Birgit Voigt*

▸ Fortsetzung Seite 42

22. Juni 2003
2. Jahrgang • Nr. 25

# NZZ am Sonntag

**International**

Reformbedarf der EU

▸ Seite 3

**Spi**

**Sommer-Spezial**

▸ Seite 91

**Hintergrund**

Verbotene Bilder

▸ Seite 21

**Wirtschaft**

Friedrich Merz

▸ Seite 44

**Kultur**

Comics für den Kaiser

▸ Seite 55

**Gesellschaft**

Die Luxus-Frage

▸ Seite 75

**Wetter**

## Ein Schweizer im Visier internationaler Terrorfahnder

Spanien und Frankreich ersuchen Bern um Rechtshilfe

▸ Seite 5

André Dosé (Keystone)

## Feilschen um den Preis für Swiss-A340

Der erwartete Businessplan der Swiss steht erst in den Konturen fest. Bei der Lieferung des ersten Airbus A340 zeichnet sich eine Verzögerung ab.

Birgit Voigt

▸ Seite 41
▸ Kommentar Seite 29

### Rückschlag für Schweizer Radprofis an der Tour de Suisse

▸ Seite 29, 30

## Verkaufsbeginn für Harry Potter V

▸ Seite 50

## Experten warnen vor «schmutzigen Bomben»

▸ Seite 9

## Suche nach dem Gedächtnis des Wassers

▸ Seite 63

9 771660 085003 25

Tages-Anzeiger

Samstag, 21. Dezember 2002

Zwielichtiger Nachrichtendienst: Dem Apartheid-Regime zu nahe

Gehrig geht zu Swiss Life

Das Ende des «Falles Regli»

Warum denn jammern? Es geht uns immer besser

Hohe Bussen für CS und UBS

Saddam kooperiert nicht

Gentech-Weizen im Feld

Schulleiter ohne Vertrag

Senderos zu Arsenal

Die CARTE BLANCHE-Angebote dieser Woche

Neue Zürcher Zeitung

Schweizer Ausgabe

Samstag/Sonntag, 21./22. Dezember 2002

Zeitenwende in Ostmitteleuropa

Belgrad will mit dem Haager Uno-Tribunal kooperieren

Senator Trent Lott gibt auf und tritt zurück

Erster Weltcup-Sieg Didier Défagos

# 25

# 루체른과 엥겔베르그

# Luzern
# Engelberg

루체른에 처음 갔을 땐 비가 오는 우중충한 날이었고, 비에 젖은 거리를 혼자 배회하다, 허술한 식당에서 맛없는 음식을 먹었다.
그리고 두 번째의 루체른 행은 친구와 함께였다.
잠시 유럽을 여행중인 친구가 파리에서 무리를 빠져나와 스위스로 왔다.
아침 일찍 기차를 타고 한 시간 거리의 루체른에 도착하니 하늘은 파랗고 날씨가 화창했다. 잘 알려진 도시답게 구시가에 놓여있는 근사한 목조 다리, 카펠교 근처엔 오가는 관광객들이 기분을 돋구었고, 우리는 물 위의 떠다니는 새들을 보거나, 골목골목 아름다운 루체른의 오래된 거리를 보며 여유로운 시간을 보냈다.

햇빛은 따가웠지만, 바람은 시원했다. 우리는 루체른 호수를 운항하는 유람선을 타고 호숫가 주변을 구경했다. 호수엔 꽤 많은 요트들이 물살을 가르며 항해하고 있었고, 저 멀리엔 눈이 하얗게 쌓인 산들이 그림처럼 펼쳐져 있었다.
저 멀리 호숫가엔 아름답고 특이한 집들과 그곳에서 사람들이 식사를 하거나, 자신들의 요트를 손질하며 한가한 시간을 보내고 있는 모습들이 보였다.

GÜLTIG: 29.12.01 - 28.01.02

BASEL SBB
LUZERN

VIA OLTEN

2.KL.
1/2
09 563733 29121056 CHF 26.50
00010 INKL. 7.60% MWST/120951

루체른은 내가 사는 도시에서 가장 가깝고, 가장 잘 알려진 도시다. 그래서 누군가 내 집을 방문할 때마다 나는 그와 함께 이 도시에 다녀오곤 했다. 누군가 "스위스에서 어디가 가장 좋아요?"하고 물을 때마다 나는 농담삼아 스위스의 도시는 어딜가나 다 똑같다고 말하곤 한다. 실제로 대부분의 스위스다운 도시들은 저 앞에 높은 산이 있고 바로 그 앞에는 유리처럼 투명한 호수가 있어서 얼핏 본다면, 어느 곳이나 모두 똑같아 보인다. 이 나라에서 살면서 이곳저곳을 돌아다녀보면, 처음엔 그림 엽서처럼 아름답게 보이던 것들도 이제는 지겹다고 느낄 때도 많으며, 산과 호수가 펼쳐진 멋진 풍경도 어딘지 모르게 답답하게 느껴질 때가 있다. 하지만 질리도록 아름다운 그곳을 자세히 들여다보면, 각각의 도시마다 조금씩은 다른 분위기의 무언가를 느낄 수가 있다. 비가 오는 루체른의 도시와 해가 좋은 날의 도시가 각각 다르고, 로잔이나 취리히의 호수와 루체른의 호수는 차갑거나 풍요로운, 서로 다른 물을 가지고 있기도 하다.

비록 루체른이 관광객들에게 너무 많이 알려졌고, 인터라켄과 함께 스위스에 온 관광객들이 반드시 거쳐가는 유명한 곳이 되어, 구시가의 곳곳에 많은 기념품 가게들이 들어서 있긴 하지만, 수백 년 전부터 있었던 그곳의 건물들에는 아직도 아름다운 그림들이 남아 있고, 해와 달이 그려진 예쁜 시계가 있는 탑이 있으며, 스위스다운 정취를 느끼기에 부족함이 없는 좁고 구불구불한 골목들이 있다.

그 날 나는 친구와 함께 카펠교의 바로 옆에 있는 노천 식당에서 오래간만의 사치를 부려보았다. 호수에서 잡아올린 생선으로 만든 요리와 요구르트로 만든 샤베트를 즐기며 관광객의 한 사람이 되어 여유를 느끼고 즐거운 시간을 보냈다.

zu Pfistern
Claus Imbach
Alois Sigrist
des Alois son
TRADITION

AMOR MEDICABI=
LIS NVLLIS HERBIS
1570
1530
1598
1627
1836

SNG

LU 49
LU 58
58
LUZERN

장난감 같은 빨강색 기차는 삐익삐익 소리를 내며 초록 풀빛이 가득한 시골길을 달려간다. 한가롭게 풀을 뜯는 양떼들과 땔감용 나무들이 잔뜩 쌓여 있는 아담한 농가들을 지나 점점 더 높은 곳으로 올라간다. 그리고 높게 솟은 뾰족한 침엽수들이 가득한 산 위로 느릿느릿 올라가다가 멋진 산들과 평원이 보이는 스위스의 길을 달린다.
공기는 어느덧 차갑게 변하고, 옆으로 흐르는 계곡의 물들은 빙하가 녹아 흘러내려 그런지 뽀얀 푸른빛이다. 산으로 둘러싸인 작은 마을, 엥겔베르그는 기대했던 것보다 훨씬 작고 아담했고, 초록빛의 짧은 풀들이 깔린 높은 산 위엔 드문드문 그림 같은 집들이 얹어져 있었다.

간혹, 어떤 사람들은 스위스가 언제나 눈으로 덮여 있고, 어쩐지 추운 나라이겠거니 생각하곤 하는데, 스위스의 겨울은 한국 같이 매섭게 추운 날씨가 아니다. 하지만, 해가 쨍쨍한 한여름에도 이 나라의 높은 산 위에선 언제나 차가운 눈을 구경할 수 있고 때로는 스키를 타거나 눈싸움을 할 수도 있다.

산에 둘러싸인 작은 마을, 엥겔베르그에 도착하면 도시에서 맡던 냄새와는 또 다른 상쾌하고 차가운 공기를 느낄 수 있다. 기차에서 내리자마자 마을 구경은 잠시 미루고, 3000미터 높이의 티틀리스 산에 오르기 위해 케이블카를 타러 갔다. 보통의 네모난 케이블카를 타기도 했지만, 대여섯 명 들어가는 작은 케이블카나 세계 최초로 만들었다는 빙글빙글 돌아가는 케이블카에 앉아서 아래로는 한가한 목장들과 위로는 두꺼운 구름이 드리워진 산을 바라보며 한여름에 만날 눈을 기대했다.
한동안 아무것도 보이지 않는 짙은 구름층을 통과하고 나자, 하얀 눈과 빙하에 반사되어 세상을 환하게 비추는 눈부신 태양을 만날 수 있었다. 티틀리스 산의 정상에서 길다란 소시지와 감자튀김을 먹고, 잠시 한숨을 돌린 후 눈을 밟았다. 겹겹이 보이는 구름의 바다와 약간의 어지러움이 내가 얼마나 높은 곳에 왔는지 깨닫게 했다.

GÜLTIG: 11.08.2004 - 13.08.2004
**RailAway**
TITLIS-GLETSCHERPARK

SONDERANGEBOT JULI/AUGUST

**BASEL SBB**
**ENGELBERG**
VIA OLTEN-LUZERN

11.08. 00252

UND ZURÜCK

(L)(SPEZ)(1/2-ABO)(3)

**2**.KL. **ABT 1/2**
193 105879 10081402 CHF 53.60
00109 INKL.07.60% MWST/120951

2
B
2
46

LSE
25

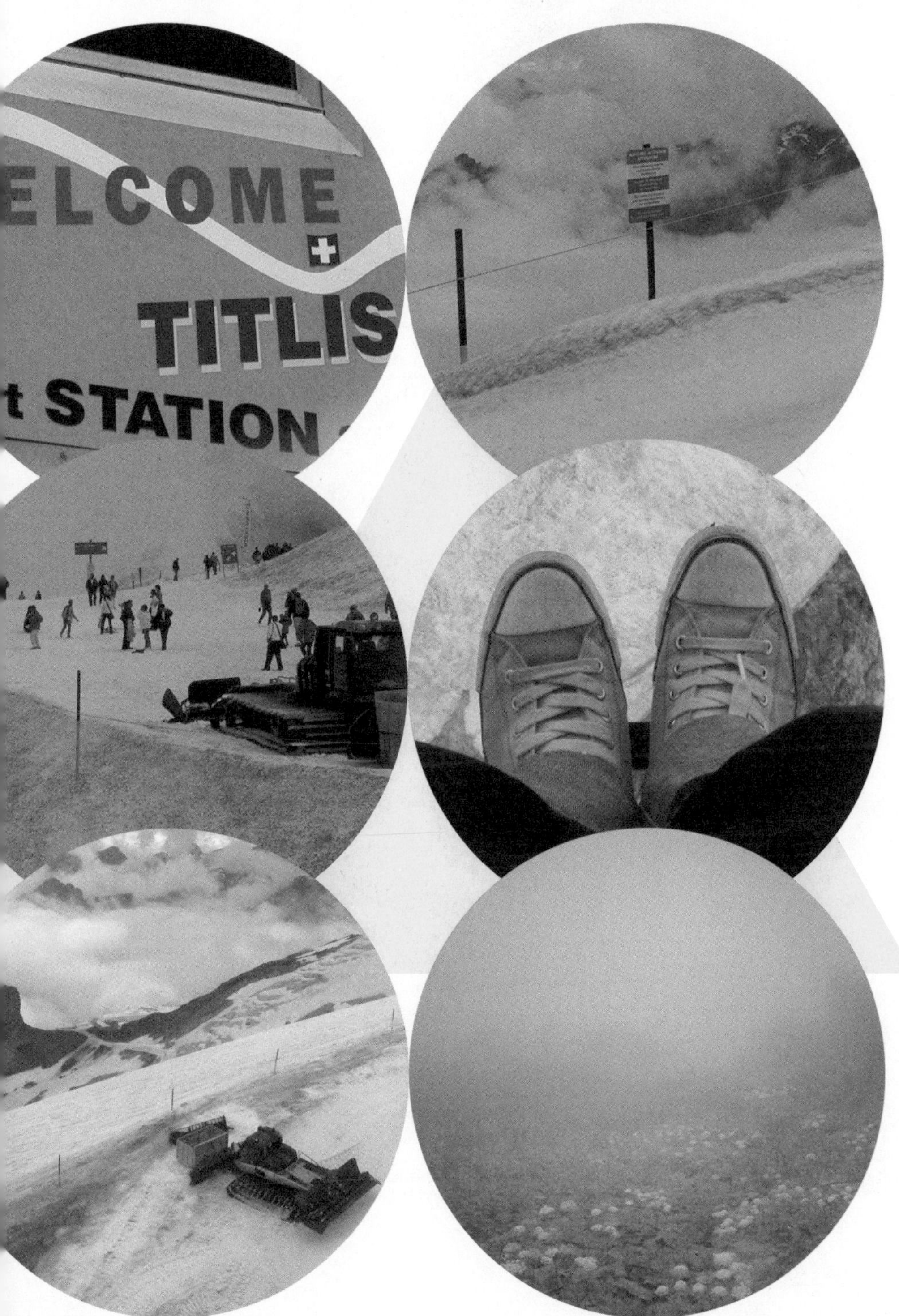
ELCOME
TITLIS
t STATION

26

# Bern 베른

베른에는 이상한 추억이 있다. 내가 처음 베른에 갔던 것은 한국에서 온 후배와 함께였는데, 때마침 도착한 날이 카니발의 날이었다. 거리엔 퍼레이드를 보려는 사람들로 가득해서 발 디딜 틈 없었고, 우리는 그 행렬 속에서 소매치기를 당했다. 스위스에서 소매치기를 당하다니 정말이지 운도 없었다. 베른에 도착하자마자 도둑을 맞고는 경찰서에서 이리저리 전화를 하며 한나절을 보냈고 기운이 빠진 채로 맛없는 스파게티를 먹고 집으로 돌아왔다. 나의 첫 베른행은 그렇게 끝났고, 중간에 한 번 또 다른 친구들과 함께 슬쩍 다녀왔을 땐 지난 나쁜 기억 때문에 좋은 여행을 하지 못했다. 그리고 그날을 기점으로 나의 카메라는 고장이 났다.

정말 이상도 하다. 베른과 나는 어떤 좋지 못한 인연이 있는 것일까…
그렇게 2년이란 시간 동안 스위스의 수도 베른은 멀고 먼 도시였다.

나는 스위스를 떠났고, 일 년 후에 다시 돌아왔다. 그리고 그때 만난
세번째의 베른은 아쉬움과 후회를 남기고 기억 속에 머물렀다.
유네스코 세계 문화 유산으로 지정된 베른의 구 시가지는 작고 아름다운 가게들로 가득차 있었고, 빨간 전차와 버스들, 움직이는 시계들, 고풍스러운 돌길들은 이전에 그곳을 자세히 다녀보지 못했던 것을 후회하게 만들었다.
하지만 세 번째 찾은 베른행 역시 일요일 오후였던지라, 모든 상점이 문이 닫힌 적막한 거리를 걸으며 유리창 너머에 가득한 아름다운 것들을 눈으로만 감상해야 했다.

베른의 구시가 끝에 놓여진 벤치에 앉아 잠시 인연에 관해 생각해보았다. 이번이 벌써 세 번째의 베른행이지만, 지난 두 번의 여행 때와 마찬가지로 아쉽게 끝나고 있는 베른의 여행. 하지만, 다행이라고 생각했다. 아마도 언젠가 아주 나중에 다시 온다면 그 때는 이 도시의 완전한 모습을 보고 느낄 수 있을 것이기 때문에…

Gebührenmarke für
Kehrichtsack 35 Liter
Fr. 1.40
BESSER LÄBE
MIT WENIGER GHÜDER.

Stadt Bern

# Lausanne Vevey and Montreux

로잔
브베
몽트뢰

TAGESKARTE
VERFALL: 22.04.2006
GÜLTIG: 1 KALENDERTAG

CP 24.04.03 07:41

1/2
ABO

KEIN UMTAUSCH
KEINE ERSTATTUNG

(2.)(TK)(1/2-ABO)(+)

2.KL. CHF 52.00
193 057984 23041607
00109 07.60% MWST/120951

이제 시간이 얼마 남지 않았다. 학교는 이제 몇달만 있으면 끝이 나고, 주중엔 하던 작업을 마무리 하느라 정신이 없다. 유럽에 있는 동안 좀 더 많은 곳을 다녀보리라는 결심은 어느 정도 지켜졌지만, 내가 살고 있는 이 나라는 제대로 둘러보지 못했다. 다가오는 일요일에 훌쩍 어딘가 다녀오리라 결심하고 스위스의 지도를 뒤적거렸다. 취리히니 베른이니 하는 북쪽과 중심부의 도시들은 꽤 자주 다녀왔었고, 이태리어권은 한두 번 다녀오기도 했고 이탈리아에 가는 길에 지나치기라도 했으니 제외하고, 동쪽의 생모리츠니 쿠어 같은 곳의 온천에 다녀오고 싶지만 너무 멀다. 그래서 이번의 갑작스러운 여행은 두 시간 정도 거리에 자리한 프랑스어권 로잔과 몽트뢰로 결정되었다.
스위스의 기차삯은 엄청나게 비싸서, 오랫동안 거주하는 사람들을 위한 반액 할인 카드나 이런저런 패스들을 잘 이용하지 않으면, 한 시간 거리의 도시를 가는 데도 5, 6만 원 이상 지불해야 하니 여행도 쉽게 갈 수가 없다. 인터넷을 붙들고 한참 찾아보니 버스나 배, 기차 등 모든 교통 수단을 이용할 수 있는 일일 여행 카드가 가장 쌌기 때문에 시내에 있는 여행 안내소에 가서 미리 표를 구입해 놓았다.
일일 여행 카드는 사용한 날 밤의 12시까지만 유효하니 하루 동안 두 도시를 모두 둘러보려면 아침 일찍부터 서둘러야 한다. 주변의 스위스 친구들에게 로잔이나 몽트뢰 등에 대해 물어보았으나, 잘 알고 있는 이들이 별로 없었다. 하기사 나처럼 구경하러 다른 도시들을 돌아다니지는 않았을테니 모를만도 했다. 오히려 외국인인 내가 더 잘 알고 있을런지도 모를 일이다.

아침 일찍 일어나 전날 구입해 놓은 재료들로 김밥을 쌌다.
같이 가려던 친구들은 모두 바빴고 또 갑작스럽게 계획한 여행이다보니 결국 혼자만의 여행이 되었지만, 오래간만의 여행이라서 가능하면 여행 기분을 내며 즐겁게 다녀오고 싶었기에 아침부터 일어나 호들갑을 떨었다. 단무지 없는 김밥은 단팥 없는 찐빵까지는 아니더라도 뭔가 빠진 듯하다. 하지만, 단무지와 계란 등의 재료는 대충 생략하고 소시지와 오이, 참치 샐러드로 김밥을 말아 비교적 만족스러운 도시락을 준비했다.
가방 안에 김밥과 과일, 음료수를 넣고 이른 아침 집을 나서니 마치 소풍가는 기분이었다.

나의 목적지는 호수를 따라서 주욱 위치한 로잔, 브베, 몽트뢰 3개의 도시였다. 가장 먼저 로잔에 도착했지만, 이곳은 돌아오는 길에 둘러보기로 하고 먼저 브베로 향했다. 단 몇분이면 시내 중심가를 둘러볼 수 있을 정도로 작디 작고 조용한 도시인 브베는 찰리 채플린이 잠시 살았던 도시로 알려진 곳이다. 보라색과 하얀색의 튤립꽃이 피어있는 호숫가의 길을 한가롭게 산책하고 있으려니 작은 찰리 채플린의 동상이 호수를 바라보며 서 있었다. 거리를 어슬렁 거리며 여유를 즐기다가 관광 안내소에 들어가 괜시리 이것저것 물어보기도 하며 혼자만의 여행을 즐겼다. 언덕 위에 있는 작은 묘지에서 산책을 하거나, 또 작은 미술관에서 한국에 가보았다는 호기심 많아 보이는 아저씨와 이야기도 하며 시간을 보냈다.

버스를 타고 한 이십 분 가량을 가서 몽트뢰에 도착했다. 몽트뢰에 다온 줄도 모르고 멍하게 앉아 있다가 버스가 다시 브베로 돌아가는 바람에 중간에 내려 또 다시 버스를 타고 몽트뢰로 향했지만, 한가한 일요일의 별다른 목적 없는 여행이라 아무런 문제될 것이 없었다.

재즈 페스티발로 유명한 몽트뢰지만, 아무런 행사가 없는 도시는 철지난 듯한 조용함이 감돌고 있었다. 꽤 유명한 성인 시옹 성에 도착하니 친절하게 생긴 아저씨가 어느 나라에서 왔는지 물어본다. 한국에서 왔다고 하니 한국어로 된 안내서를 주며 정답게 웃어주었다.
마치 호숫가에 떠있는 것처럼 보이는 시옹 성에선 스위스의 중세의 모습을 그대로 볼 수 있었다. 고풍스러운 창문들과 벽, 천장의 그림들, 다양한 크기의 날카로운 창과 무기들, 그리고 엄청나게 깊은 그 옛날의 화장실들은 그 모습 그대로 보존되어 있었고, 지하에 있는 어둡고 음침한 감옥에선 왠지 누군가의 그림자가 보일 것만 같았다. 하지만 나는 그의 그림자에 아랑곳하지 않고, 창문 밖으로 지나가는 유람선에 손을 흔들었다.
화창한 성 밖의 의자에 앉아 도시락을 먹으며 나만의 소풍을 즐기고 난후 로잔으로 가는 기차를 탔다.

로잔은 마치 프랑스의 도시 같다. 프랑스를 직접 본 것은 파리에 한두 번 다녀온 것과 쇼몽이라는 작은 마을에 다녀온 것 밖엔 없지만, 언덕에서 내려다본 빨간 지붕들과 프랑스어를 쓰는 사람들, 그리고 건물의 모습들은 로잔이 마치 프랑스의 어느 도시인 것 같은 기분을 느끼게 해준다.
길고 긴 계단을 올라가 언덕 위의 교회와 작은 집을 개조한 듯한 디자인 미술관을 보고 언덕과 호숫가를 잇는 짧은 거리의 지하철을 타고 내려와 자전거와 스케이트 보드를 타는 젊은이들로 활기찬 호수를 보며 로잔의 여유로움을 즐겼다.
프랑스어권에 위치한 세 도시 로잔, 브베, 몽트뢰는 다른 스위스의 도시들과 다를 바 없는 산과 호수의 도시들이지만, 독일어권의 도시들과는 다른 색다른 활기와 좀더 밝은 듯한 태양과 포도밭이 펼쳐진 풍광이 있었다.
일요일의 한가하고 조용했던 나의 소풍은 그렇게 그렇게 조용하게 끝을 맺었다.

MUSEE SUISSE
DE L'APPAREIL
PHOTOGRAPHIQUE
VEVEY

PHOTO
MUSEE SUISSE DE L'APPAREIL PHOTOGRAPHIQUE VEVEY

mu.dac
VEVEY
Montreux

28

# Lugano

루가노

스위스는 작은 나라지만, 네 개나 되는 언어를 쓰고 다양한 성격의 민족들이 함께 살고 있는 복잡한 나라이다. 우리가 익히 들어 잘 알고 있는 취리히와 베른, 루체른 등의 도시들이 속해 있는 가장 넓은 지역이 독일어를 쓰고 있고, 제네바, 로잔 등의 프랑스와 맞닿은 지역은 프랑스어를 기본으로 쓰고 있으며, 이탈리아와 가까운 곳에 위치한 영화제로 유명한 로카르느노라던지 루가노 등의 지역들은 이태리어를 쓰는 지역이다. 작은 몇 개의 지역에선 로만슈어라는 이 지방 언어를 사용하고 있으니, 단 한두 시간 거리의 도시에 가더라도 사용하는 언어가 전혀 다른 특이한 경험을 할 수 있다.
모국어가 네 개나 되는 나라이니, 모두들 네 가지나 되는 언어를 유창하게 구사할 것이라고 생각할지도 모르지만, 제대로 교육을 받은 사람들이라 할지라도 대개는 자신이 사는 지역의 언어와 또 다른 언어 하나를 적당히 구사하는 정도인 듯하다. 하지만 가끔 네 개나 되는 언어에다가 영어까지 자유롭게 구사하고, 여러 나라에서 온 이민자들이 많은 덕분에 또 다른 나라의 언어까지 능숙하게 사용하는 걸 보면, 유럽의 내륙 한가운데 위치함으로써 얻는 국제적 다양성이라던지, 언어는 다르지만 뿌리는 같은 알파벳 문화권의 언어적 유사성이 주는 잇점등이 결코 쉽게 보아 넘길 것은 아니라고 생각한다.

**산 칼리노 San Carlino**
마리오 보타 1999
로마의 보로미니 성당 반쪽을 그대로 옮겨와 루가노 호수 위에 나무로 재현하였다.

스위스의 남쪽 끝, 이탈리아 국경의 바로 위에 위치한 루가노까지 가는 길은 다섯 시간 정도 걸리는 약간은 긴 여정이었지만, 스위스 알프스의 중심부를 통과하는 기차 여행은 잠시도 창 밖에서 눈을 떼지 못하게 했다. 길고 긴 터널을 통과하는가 하면, 아름다운 산 위로 드문드문 산장들과 집들이 보이는 계곡을 지나서 아슬아슬한 절벽 위를 달렸고, 바로 앞에 눈 덮인 산들은 멋진 절경을 자랑했다.

알프스의 산 속을 통과하여 정신을 차려보니, 눈앞엔 또 다른 세계가 펼쳐지고 있었다. 따뜻한 남쪽으로 가까이 다가갈수록 나타난 이국적인 나무들과 풍경들은 여기가 스위스인지 아니면 내가 깜빡 조는 사이에 이탈리아로 넘어와 버린 것인지 당황스럽게 했다.

한겨울의 추운 바람을 맞으며 출발했지만, 야릇한 향기가 풍기는 루가노의 밤 기차역에 도착하니 바람이 따뜻했다.

그리고 나는 높은 고지에 위치한 역에서 캄캄한 저 아래 시가지의 반짝이는 불빛을 보며 기대에 가득 찼다.

Lugano

어떤 고풍스러운 건축물을 반으로 정확히 잘라놓아 그 단면이 부조처럼 보이는, 건축물인지 조각 작품인지 모를 그 무엇이 어딘가에 우뚝 서있다. 자세히 보았지만, 나무인지 대리석인지, 무엇으로 만들었는지, 무엇을 위해 만들었는지 알 수가 없다. 하지만 나의 뇌리 속에 깊이 박힌 그 빛나는 무엇은 오랫동안 잊혀지지 않았다.
스위스에 오기 전의 언제 즈음인가, 어느 잡지의 한쪽 귀퉁이에서 보았던 작은 사진이다. 내가 보았던 그 무엇은 이 세상에 존재하지 않을 것 같은 놀라운 모습이어서, 그것이 어딘가에 실제로 존재하는 것인지 아니면 누가 만들어 놓은 작은 조각품에 불과한 것인지 궁금했었다.

스위스에서의 어느 날, 그때 그 잡지에서 보았던 그 무엇을 다시 발견했다. 어느 건축가에 관한 글을 읽다가 그것을 발견한 나는 나의 머리 속 깊은 곳에서 잠자고 있던 그때의 그 흥분을 다시 끄집어 내고 루가노로 가는 기차를 탔다. 언젠가 나의 마음을 빛나게 했던 그 무엇이 우연하게도 내가 지금 살고 있는 이 나라의 어느 곳에 있었으며, 이제 몇 년이 흘러 예정되었던 순간에 만나게 될 것이라는 사실이 나를 더욱 흥분시켰다.

잔잔하고 어두운 호숫가를 따라 걷다가 예정되었던 순간을 맞이하게 되었다. 호수 위에 떠 있는 그 무엇은 사진에서 보았던 것보다 더욱 아름답고 신기하게 빛을 발하고 있었고, 나는 지금도 그 순간을 잊지 못한다.

스위스 루가노 태생의 세계적인 건축가 마리오 보타 Mario Botta가 만든 이 거대한 조각 작품은 이국적이며 작은 도시, 루가노의 호수 위에 이상하리만치 아무렇지도 않게 둥둥 떠있다. 이 조각 작품은 산마리오라는 성당의 내부를 나무를 재료로 재현한 후 건물을 위에서 아래로 정확히 반으로 잘라 놓은 듯한 모습을 하고 있는데, 그 모습이 마치 거대한 단면도를 입체적으로 만들어 놓은 것 같다.
이 조각 혹은 부조를 뒤에서 바라보면 거대한 검은 육면체가 맑은 호수 위에서 파란 하늘과 함께 반사되어 탄성을 자아낸다. 특히, 이른 아침에 물안개 사이로 허공에 떠 있는 듯한 이 거대한 검은 상자를 보고 있으면 왠지 모를 기묘한 느낌을 받게 된다.

한참이나 그 모습에 취해 돌아보고 또 돌아보면서 영원히 그 모습을 기억하려 애쓰며 집으로 돌아가는 기차역으로 향했다. 묵었던 호텔의 주인 아저씨가 꼭 봐야 한다며 알려주던, 새가 땅을 차고 날아오르는 모습이라는 마리오 보타의 집은 못 보았지만, 언젠가 다시 찾아올 예정된 순간을 기대하며 기차를 탔다.

**마리오 보타 Mario Botta**
1943-
www.botta.ch
스위스에서 출생하여 이탈리아 밀라노의 예술 학교, 베니스의 르 꼬르뷔지에의 사무소를 거쳐 루가노에서 건축 사무소를 운영하며 세계 각국의 많은 건축물을 디자인 하였다. 서울 강남의 교보 타워와 리움 미술관이 그의 작품이다.

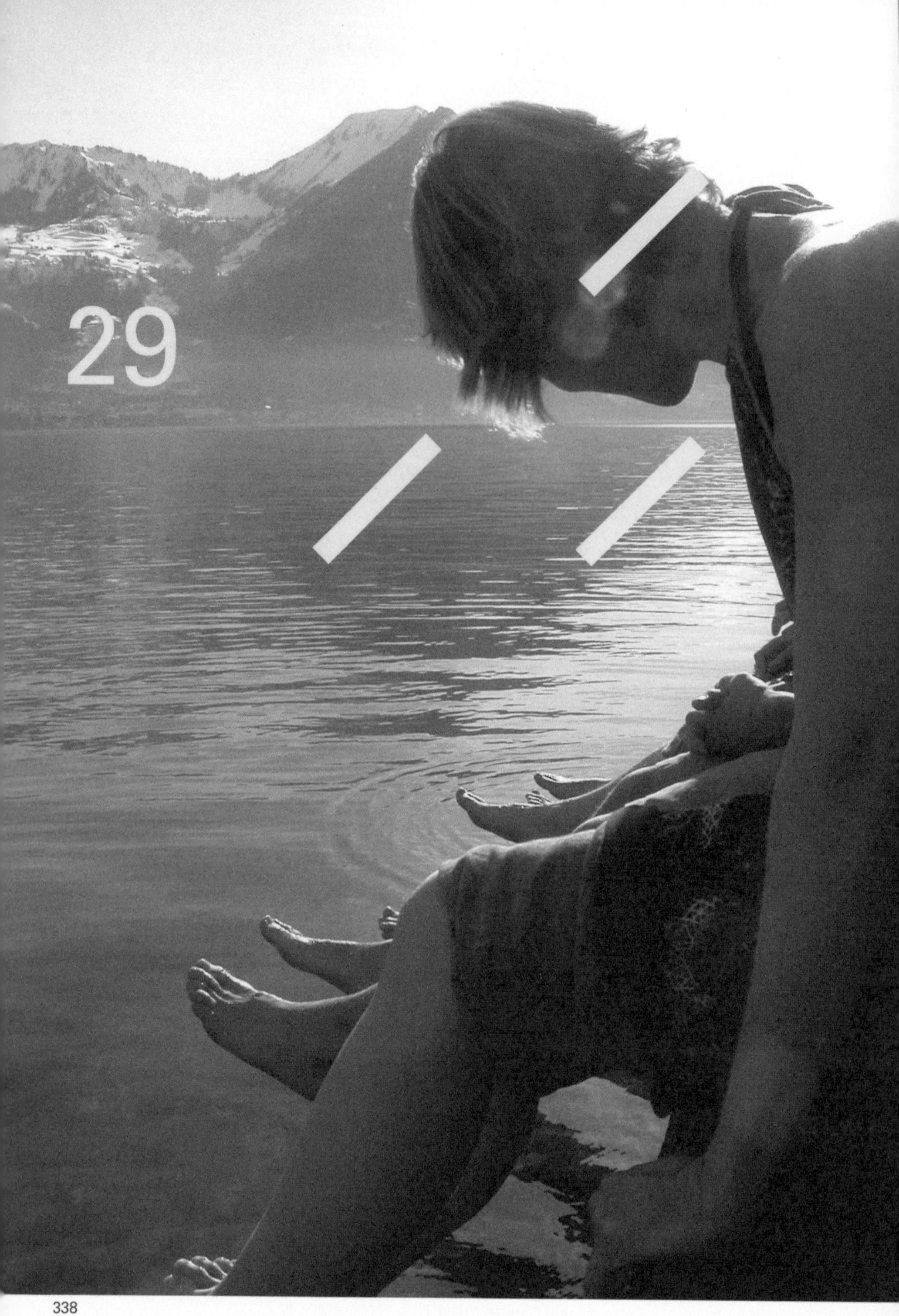
29

Gersau
hiking
겔사우
하이킹

내 고향이 아닌 곳에서의 삶이란 새로운 것들과의 흥분되는 순간이자, 동시에 낯선 것들에 적응해야하는 힘겨운 시간이기도 하다. 자동차로 대여섯 시간, 혹은 비행기로 한 시간만 가면 고향이 있을지라도, 낯선 곳에서의 새로운 삶이란 그리 다정다감한 것만은 아닌 것 같다. 비슷한 생각과 같은 목적을 가지고 영국이나 미국, 이탈리아, 아니면 대한민국에서 온 이방인들은 모든 것이 낯선만큼 좀더 쉽게 서로를 이해할 수 있을지도 모르며, 그렇기 때문에 좀더 많은 시간을 함께 보냈는지도 모른다.
새 학기가 시작할 때마다 새로운 이방인들이 오고, 또 어쩌면 다시는 못 볼지도 모를 친구들이 떠나갔다. 루체른 호숫가의 작은 마을 젤사우로 예닐곱 명 되는 다양한 국적의 학생들이 여행을 떠났다. 호숫가에 바로 붙어 있는 비수기의 유스호스텔은 다른 여행객이 없이 적막했고, 속이 다 들여다 보이는 맑은 호수의 물은 얼음같이 차가웠다. 이제 막 겨울이 끝나 산 위에서 녹은 눈들이 흘러내려온 듯 그렇게 차가운 물 속에 발을 담그고 그냥 말 없이, 때로는 하하 웃으며 시간을 보냈다.
그렇게 별다른 일이 없어도 즐거웠고, 창 밖으로 보이는 눈덮인 산이나, 어두운 밤하늘을 바라보는 것만으로도 우리는 행복했다.

다음날 아침, 전날 밤과 전혀 다른 모습의 산과 호수와 하늘을 보면서 더 이상 평온하고 아름다운 풍경은 없을 것 같다고 생각하며, 호수가 훤히 내다 보이는, 넓고 텅빈 방에서 꿀과 치즈가 가득한 풍요로운 아침을 먹었다.
그리고 식사 후에는 지금도 이름을 알 수 없는, 유스 호스텔 뒤의 좁은 길을 따라 산을 올라가기 시작했다. 작은 농가를 지나 길가의 토끼를 만나기도 하고, 큰 뿔에 털이 긴 소가 지나가는 것을 구경하기도 하면서 산의 정상을 향해 올라갔다. 아직 녹지 않은 눈들이 쌓여 있는 길로 가거나, 때로는 길도 없는 곳으로, 올라가고 또 올라가서 마침내 정상에 다다랐다. 가까스로 숨을 고르고 나니 우리 앞에는 경이로운 자연이 펼쳐져 있었다. 대자연이 그려낸 최고의 그림 앞에 우리는 할 말을 잃었고, 모두 함께 사진을 찍었다.

시간이 늦었다.
돌아가는 기차 시간이 다가오는 줄도 모르고, 눈앞의 경치에 넋을 빼앗겼다가 정신을 차리고, 급히 산을 내려왔다. 처음에는 길을 따라 걷다가, 나중에는 푸른 잔디가 깔린 산비탈을 뛰어 내려왔다. 한 번 뛰기 시작했더니, 높은 기울기 때문에 멈출 수가 없었다. 숨이 목까지 차올랐지만 뛰고 또 뛰어 겨우 산을 내려올 수가 있었고 간신히 집으로 돌아가는 기차를 탈 수 있었다.
이제 그들 중 한 명은 그의 진짜 집으로 돌아가야 한다. 우리는 적막한 호숫가에서의 즐거웠던 기억과 산에서 뛰어내려왔던 잊지 못할 기억을 남기고 그를 보낼 것이다.

우리는 언제 다시 만날까…

YOUTH HOSTELLING
INTERNATIONAL
ROTSCHUO
JUGENDFERIENHEIM

30

# Swiss Christmas

## 스위스의 크리스마스

스위스의 크리스마스 준비는 11월부터 시작되고 사람들은 12월 1일부터 날짜가 새겨진 초콜릿을 하루에 하나씩 까먹으며 크리스마스를 기다린다. 거리에는 길목마다 크리스마스 트리가 세워지고, 상점들은 아기자기한 장식들을 내걸기 시작하며 스위스의 주요 은행 중 한 곳은 커다란 현수막과 함께 크리스마스 카운트에 들어간다.

바젤 시내의 큰 광장 중 한 곳에서는 크리스마스 시장이 열린다.

작은 상점들은 두 평 남짓되는 부스를 세우고 크리스마스 장식품들과 선물거리들을 판매한다. 그리고 크리스마스 트리를 장식하는 작은 모형들부터 시작하여 스웨터나 장갑 같은 겨울 옷가지들, 장난감, 책, 과자, 초콜릿들을 정성껏 진열해 놓는다. 한켠에서는 솜씨 좋은 아저씨들이 화덕에 불을 붙이고 빵을 굽는다. 화려한 전구들이 스위스의 밤거리에 불을 밝히고, 도시는 풍요로운 분위기가 가득하다.

잠시나마 이 작은 도시에도 활기가 가득하다. 12월의 주말, 거리엔 그동안 존재했었는지 의문이 갈 만큼 많은 인파가 북적댄다. 이제부터 조금씩 가족들과 친구들에게 줄 선물을 준비하는 것이다.

나도 수업이 끝나면 크리스마스 시장이나 여러 상점들을 둘러보며 집으로 보낼 선물을 고르는 재미를 즐겼다. 사실 고르려고 해도 주머니 사정상 간단히 과자 정도나 조카에게 줄 인형을 사는 것 뿐이었지만, 그래도 기분은 낼 만했다.

크리스마스가 되면, 학교들은 2주 정도의 기간 동안 방학을 한다. 크리스마스가 최대의 명절인 서양 학생들은 집으로 돌아가고, 어떤 학생들은 스위스로 온 가족이 방문한다. 다른 나라에서 맞이하는 크리스마스는 그 본고장답게 화려하고 멋졌지만, 나의 크리스마스는 혼자만의 만찬과 크리스마스용 영화 보기와 함께 지나갔다.

거리엔 찬바람이 불었고, 가게들은 문을 닫아 먹을 것을 사기도 힘이 들었지만, 스위스에서 보낸 두 번의 크리스마스는 나에게 그립고 또 그리운 것으로 남아 있다. 크리스마스 시장에서 호호 불며 먹던 갓 구운 빵 냄새, 취리히의 거리에서 빛나던 화려한 장식들, 기차역에 장식된 거대한 크리스마스 트리들… 바젤의 아름다운 크리스마스는 그렇게 내 가슴 속에 남았다.

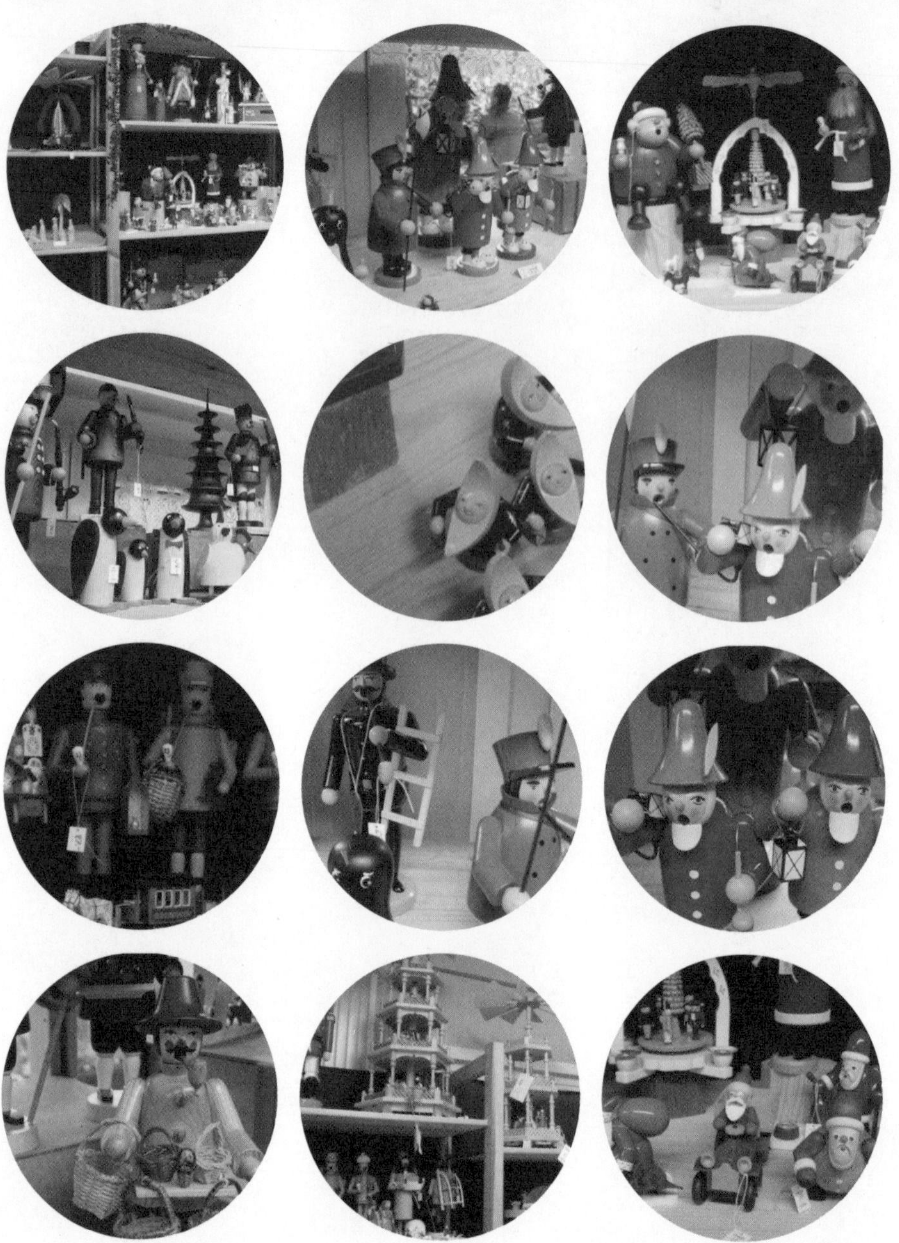

Puppenhausmuseum

DIADORA
adidas
Jäggi, Bücher
DOSENBACH
DOSENBACH
Jäggi,
Bücher
Jäggi, Bücher
BALLY

№ 355.
Jmagerie alsacienne R. Ackermann Wissembourg succr. de F. C. Wentzel.

Imagerie alsacienne R. Ackermann Wissembourg succr. de F. C. Wentzel.

# Das Christbaumspiel.

Jeder Spieler zahlt 6 Marken in die Kasse. Jeder Spieler benützt ein anderes Zeichen zum Setzen. Man spielt mit zwei Würfeln und rückt immer so viel vorwärts, als die Würfel Augen zeigen. Wer beim ersten Wurf 2 wirft, setzt sein Zeichen auf 24; wer beim ersten Wurf 2 und 6 hat, setzt sein Zeichen auf 26; wer beim ersten Wurf 12 hat, setzt sein Zeichen auf 28. Wer auf die Weihnachtsbäume kommt, zählt die geworfene Zahl noch einmal vorwärts. Wer auf 7, 47 oder 98 kommt, zahlt 2 Marken in die Kasse. Wer auf einen Weihnachtsmann 18, 38 oder 81 kommt, muß wieder von vorn anfangen und 2 Marken zahlen. Wer über 100 kommt, zählt die übriggebliebenen Augen wieder rückwärts. Wer auf 100 kommt, erhält die Kasse.

# 눈물 타이포그라피 여행

# 눈물 타이포그라피 여행

# 31

# Real Switzerland

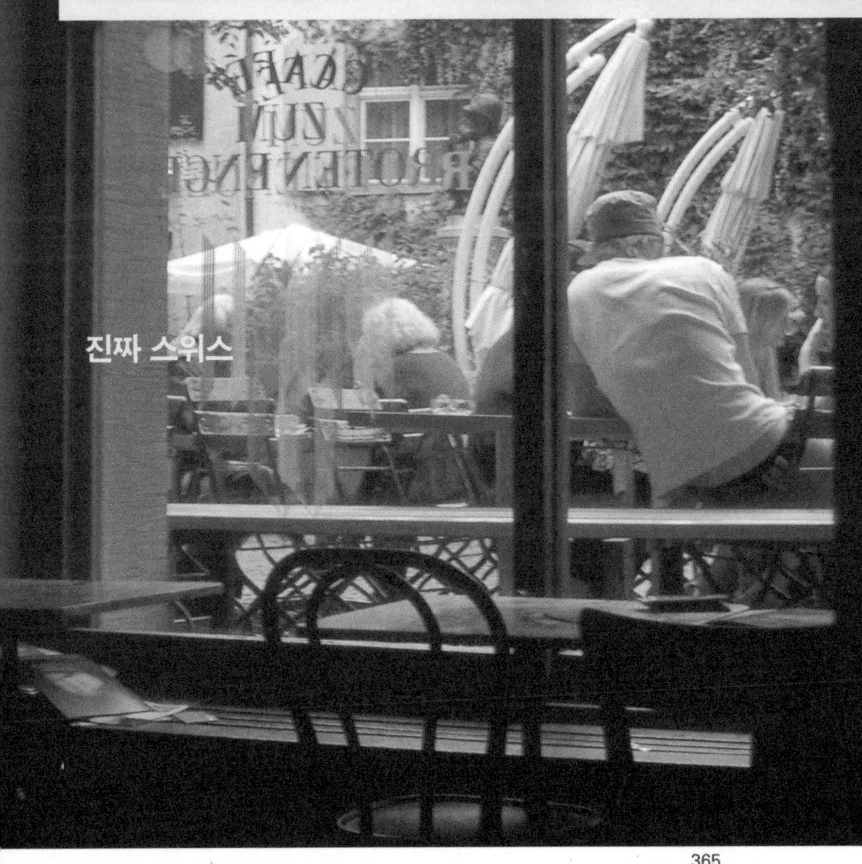

진짜 스위스

아름다운 산들과 맑고 투명한 호수들, 눈이 수북히 쌓인 3,000미터 정상에서 스키를 타는 사람들…
루체른의 호수에는 관광객을 가득 실은 증기선이 하얀 돛단배들과 함께 호수 위를 떠다니고, 취리히의 유명한 명품 거리엔 온갖 값비싸고 멋진 물건들이 가득하다. 유네스코 지정 세계 문화 유산인 수도 베른의 고풍스런 시가지와 프랑스풍의 따뜻한 남서쪽 도시들인 제네바와 로잔의 화려함…
유명하지 않은 도시인 바젤에서도 볼만한 전시와 보석, 시계 박람회가 끊임 없이 열리고, 유럽에서 가장 성대하다는 카니발이 열린다.

그러나 어느 늦은 밤, 친구 한두 명과 차 한 잔을 앞에 두고
유학 생활의 즐거움이나 어려움을 이야기하던 시내 뒷골목의 작은 카페 로튼 엥겔 Zum Roten Engel에서의 기억들과 토요일 오전 피터스플라츠 Petersplatz의 벼룩 시장에서 오래된 물건들을 보며 보내던 그 시간들이 내게는 그 어떤 것들보다 더 값지다.
내가 경험한 진짜 스위스는 화려한 그 무엇이 아니라, 어느 겨울의 이른 아침 산책하던 한산한 라인 강변의 차가운 공기와 흩날리던 눈, 그리고 어느 작은 카페에서 마시던 뜨거운 초콜릿 안에 있다.
요즘도 가끔 바쁜 일상에 지칠 때나, 버스를 타고 가는 한가한 시간에는 카페, 로튼 엥겔에 자전거를 세워놓고 이런 저런 생각에 잠기곤 했던 그때를 되새겨 보곤 한다.

인터라켄과 융프라우요흐와 그림 엽서같은 풍경만이 스위스가 아니다.
진짜 스위스는 거리에, 골목에, 그리고 바람과 공기에,
내가 마시는 차 한 잔 안에 있는 그것이다.

Holzofenbäckerei
ab 13. 8., 07⁰⁰
Zweiradparking
aufgehoben
CAFÉ
ZUM ROTEN ENGEL

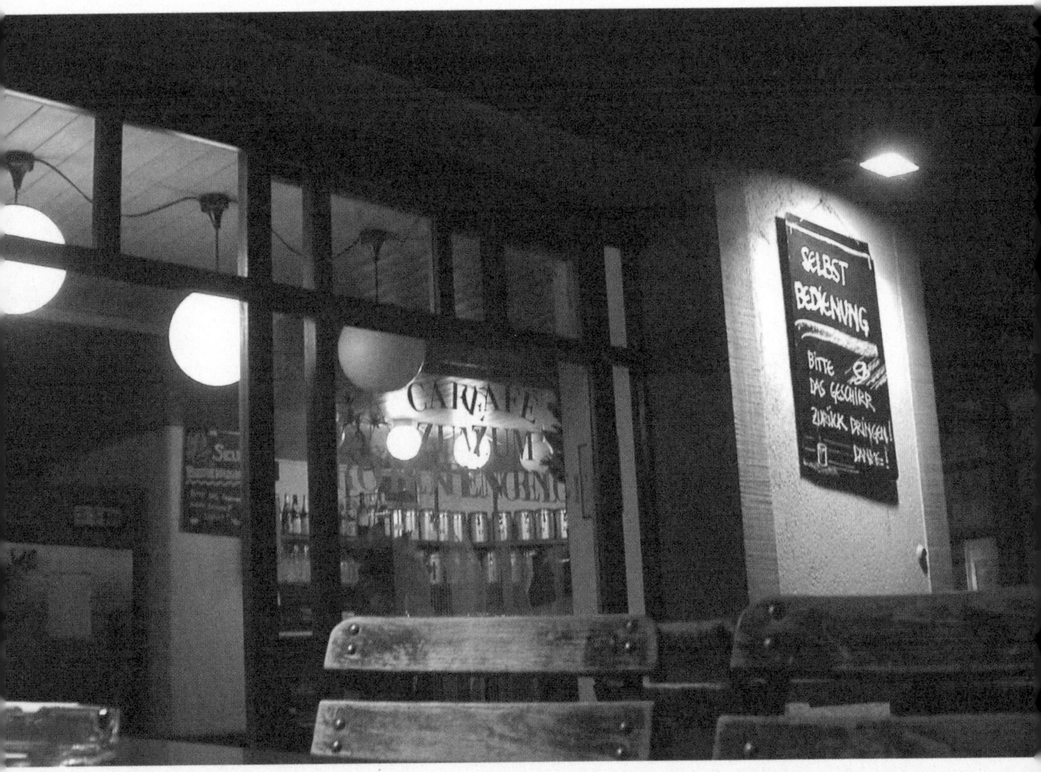
SELBST
BEDIENUNG
BITTE
DAS GESCHIRR
ZURÜCK BRINGEN!
DANKE!

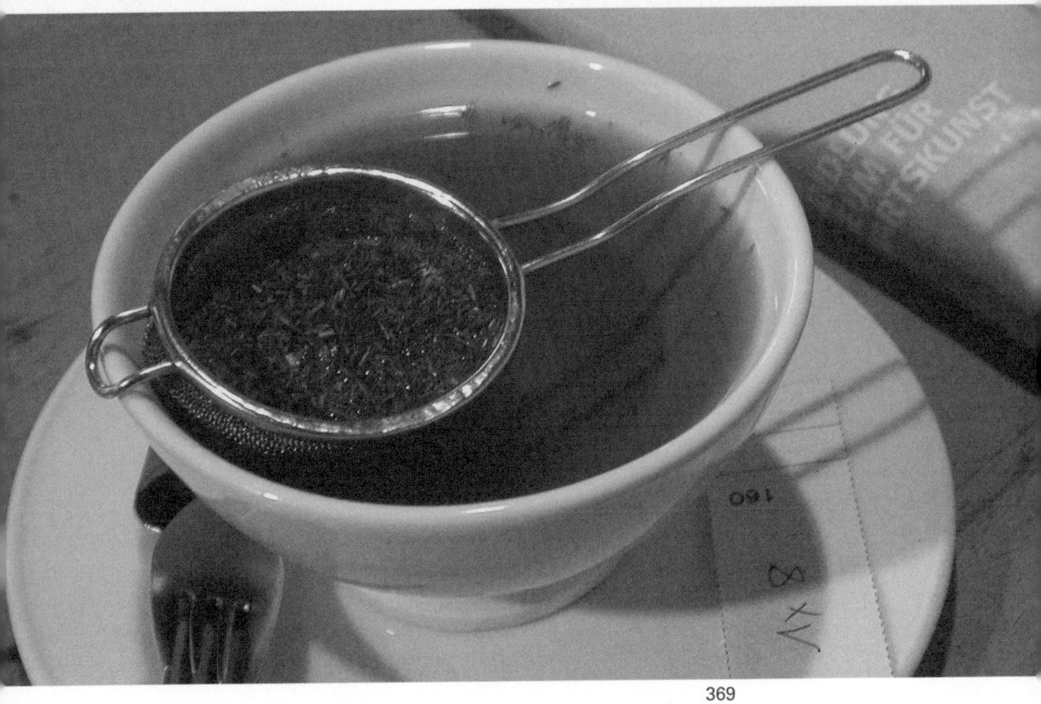

Chiquita

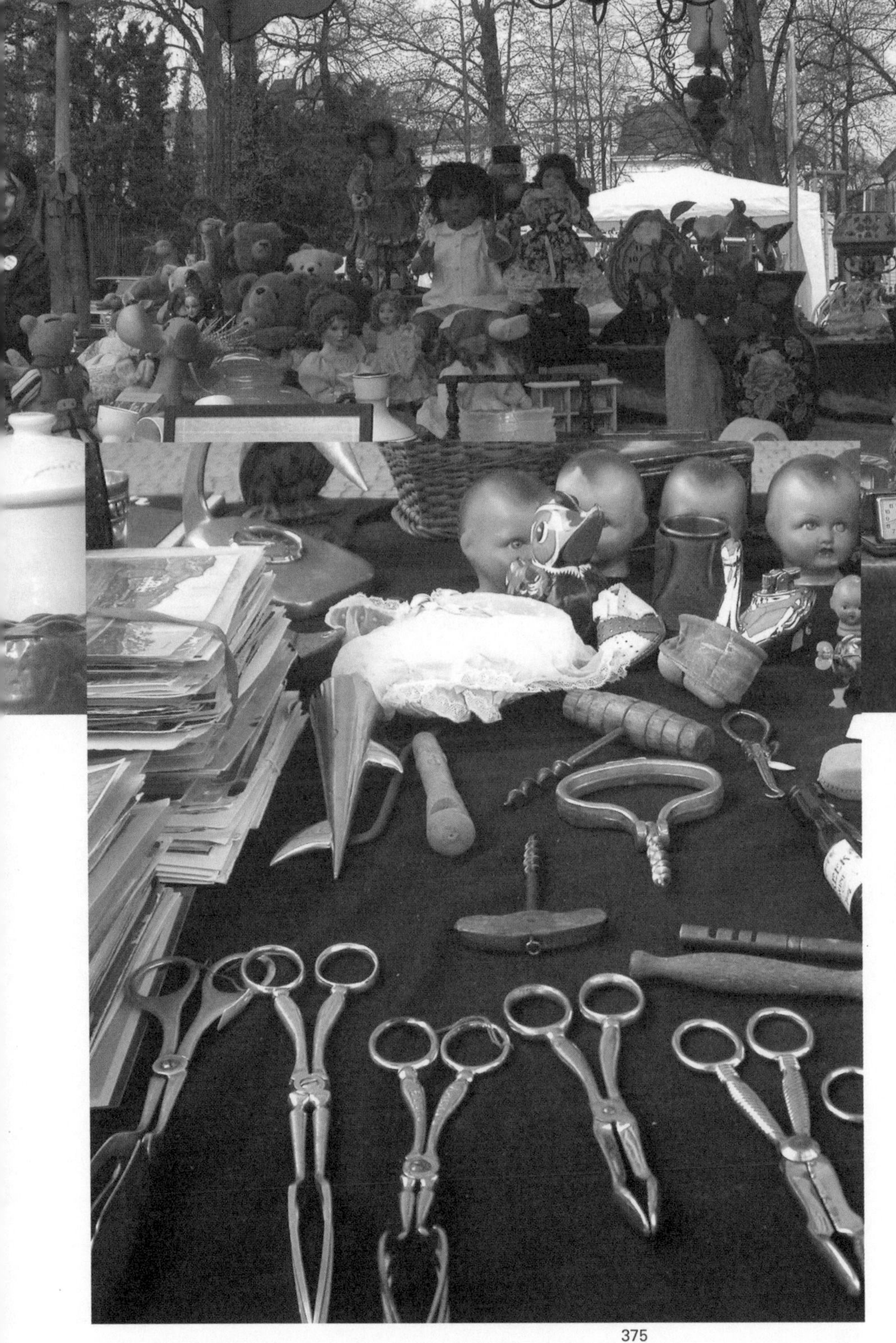

# 32

# Good bye

안녕 그리고 그리운 것들

파란 하늘 가득 떠 다니던 하얀 구름들

언제나 화를 내지만, 마음은 따뜻한 바인가르트

이래저래 말도 많지만, 위안이 되었던 친구들

로튼 엥겔의 차 한 잔

아침마다 자전거를 타고 학교로 달리던 그때 그 시간

밤하늘에 떨어지던 별똥별

교실 밖으로 펑펑 내리던 그 겨울의 눈

스위스, 바젤에서의 마지막 한 달. 정신없는 한 달이었다. 미처 다 끝내지 못한 작업은 출국하는 날에 맞춰져 끝낼 수 있도록 교수님은 꼼짝달싹 못하게 시간 계획을 다 세워놓으셨다.
마지막 프로젝트는 떠나기 불과 5일 전에 겨우 완성되었고,
나는 스위스에서의 내 삶의 모든 것이 담긴 짐을 한국으로 부쳤다.
남은 이틀의 시간엔 교수님과 마지막 식사를 하고 친구들과 시간을 보내고 일 년간 함께 살았던 나의 방친구와 이사 준비를 하고, 마지막으로 싸우기도 하고… 그렇게 마지막 정리를 했다.

2003년 9월의 마지막 날, 스위스에서의 마지막 날
낮 12시.
교수님, 친구들과 퓌셔스투베 Fischerstube에서 점심과 맥주,
그리고 와인.

낮 3시.
학교에서 마지막 치즈 케익과 마지막 와인…

그리고 낮 3시 반.
이별.
눈물이 났다…

낮 4시 반…
바젤. 안녕…

저녁 8시. 취리히 클로텐…

스위스 안녕…

끝…

BASEL SBB

아버지, 어머니, 누나들, 그리고 진이, 윤서
장모님, 선아와 상호, 그리고 달래
Wolfgang Weingart, Helmut Schmid, Daniel Ruder, Kelly, Cynthia, Brian,
Hiro, Simone, Katie, Sawako, Nicole, Tim, Helen, Marc, Jonas…
안 선생님, 이희선 이사님, 용제 형, 두섭 형, 병걸 형, 기섭 형
관주, 개포동 친구들, 봉열 형, 최영민님

유학 시절 내내 항상 친구가 되어준 조규찬의 서울 하늘
2년간 끝내 버텨준 나의 아이북
나의 카메라
무라카미 하루키
그리고 나의 발코니…

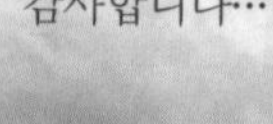

감사합니다…

ECONOMY
Boarding pass
Name
FQTV KE-XXXXXXX102
From ZURICH
To SEOUL ICN
Flight Class Date Time
KE 918 Y 30SEP 1955
Gate
E35
BoardingTime
1910
Seat
55H
Smoke
NO
1 30 0148
swissport